FAO中文出版计划项目丛书

绵羊养殖农民田间学校辅导员指导手册

——可持续绵羊生产和食品营养价值链的发展与应用

联合国粮食及农业组织　编著

王　栋　宋建德　邱玉玉　等　译

中国农业出版社

联合国粮食及农业组织

2023·北京

引用格式要求：

粮农组织。2023。《绵羊养殖农民田间学校辅导员指导手册——可持续绵羊生产和食品营养价值链的发展与应用》。中国北京，中国农业出版社。https://doi.org/10.4060/cb7424zh

ISBN 978-92-5-138328-5（粮农组织）
ISBN 978-7-109-31468-9（中国农业出版社）

FAO中文出版计划项目丛书

指 导 委 员 会

ABBREVIATION 缩略语

AESA	农业生态系统分析	IPM	病虫害综合治理
COP	生产成本	KPI	关键绩效指标
DM	干物质	M&E	监测和评估
F_1	第一代杂交	PFS	牧民田间学校
FAMACHA	FAffa MAlan CHArt（动物卫生贫血的测定方法）	PV	光伏（太阳能）
		ROA	资产收益率
FAO	联合国粮食及农业组织	SWOT	优劣势分析（优势、劣势、机会和风险）
FAOAZ	联合国粮食及农业组织驻阿塞拜疆国家办事处		
		ToF	辅导员培训
FFS	农民田间学校	ToR	参考文献
FMD	口蹄疫	ToT	培训师培训
GDP	国内生产总值	UTF	单边信托基金（联合国粮食及农业组织）
IM	肌内		

SYMBOLS AND UNITS 符号和单位

Bpm	每分钟心跳次数	m	米
℃	摄氏度	mm	毫米
Ca	钙	P	磷
Co	钴	Se	硒
Cu	铜	USD	美元
Ha	公顷	μm	微米
kg	千克		

致　谢 ACKNOWLEDGEMENTS

非常感谢联合国粮食及农业组织驻阿塞拜疆国家办事处以及Namig Mammadov、Matanat Gahramanovad和Ulkar Abdullazada积极给予了全力支持。感谢联合国粮食及农业组织欧洲及中亚区域办事处动物卫生与生产高级干事Eran Raizman以及Giacomo de Besi（联合国粮食及农业组织，NSAG）和Clarisse Ingabire（联合国粮食及农业组织，NSAG）提供了技术支持。特别感谢Matanat Gahramanova、Yaqub Ismayilov和Khalil Khalilov。

CONTENTS **目　录**

第1章

背　景

1.1　引言

为实施阿塞拜疆的常见问题（FAQ）项目UTF/AZE/009/AZE——可持续绵羊生产和食品营养价值链的发展与应用，我们编写了《绵羊养殖农民田间学校辅导员指导手册》。在阿塞拜疆，小反刍动物生产在畜牧业发展中发挥了重要作用，为农村家庭提供了收入，并为许多家庭的生计带来巨大贡献。本手册介绍了阿塞拜疆养羊业的背景信息。

UTF/AZE/009/AZE项目为期3年，选取了3处具有不同价值链（羊肉、羊奶和羊毛）的不同地区作为试点。该项目的首要目标是描述价值链的特征，并确定各利益相关方面临的潜在制约因素和机会。第2个目标是在养羊场实施饲料质量管理规范。第3个目标是为农民提供各类培训和相关活动。第4个目标，也是最终目标，即制定各项本土羊品种育种方案。

本手册是依据培训需求评估结果编制的。根据UTF/AZE/009/AZE项目，我们于2020年9月开展了需求评估，调查养羊户在营销、饲喂/喂水、保存记录、育种和动物卫生方面的培训需求。本次评估向UTF/AZE/009/AZE项目农民田间学校（FFS）相关方提供了绵羊生产信息。本次评估过程中共采访了182名农民，他们都来自传统养羊村庄。

1.2　指导手册导读

本指导手册的目标受众是阿塞拜疆绵羊养殖农民田间学校的辅导员。下文简要概述了本指导手册内容。

第2章介绍了农民田间学校计划的制订步骤，项目经理可参照本章内容制定农民田间学校计划。本章还详细说明了农业生态系统分析（Agro Eco-System Analysis，AESA）过程。农业生态系统分析是农民田间学校的一个重要工具，通常用于评估农民田间学校的实验结果。

第3章列举了具体主题，可用于指导讨论农民田间学校计划中涉及的一些问题。不过，辅导员可灵活处理，根据农民田间学校参与者的要求引入新主题。本章介绍的讨论主题，可在课堂上完成，也可在实践课程（通常是在养羊场）中进行，因为实践课程中需要有动物参与。然而，我们建议限制所述讨论主题的数量，并尽可能开展更多实践课程，因为"在实践中学习"往往是更好的培训策略。

第4章介绍了在绵羊养殖农民田间学校进行对比实验所采用的指导原则，并列举了一些可能开展的实验示例。必须根据本地实际情况来调整对比实验。我们通常建议在设计实验时寻求专业人员的帮助，以便优化参与者的学习效果。我们鼓励辅导员与农民田间学校一起设计自己的实验。开展这些实验的前提是必须依据农民田间学校参与者的需求和优先事项。

第5章介绍了参与式工具，可用于农民田间学校的全套教学过程，以确保所有参与者积极参与。

附录列出了各类讲义，介绍了各主题的相关技术信息。我们建议在每次农民田间学校培训课程结束后发放这些讲义，除少数活动外，开展大多数此类活动之前需先了解讲义内容。

本文大量引用了一些主要出版物的内容（见参考文献），其中包括：

- UTF/AZE/009/AZE项目农民田间学校培训需求评估。
- 关于干草和青贮饲料生产项目的出版物。
- 联合国粮食及农业组织关于农民田间学校和牲畜饲养的出版物，包括联合国粮食及农业组织《牧民田间学校指导手册》和《牲畜养殖农民田间学校指导手册》。
- Glorie，2016：羊的信号（roodbont.nl）。
- Sheep101.info。
- 其他出版物，见参考文献。

第2章

设立农民田间学校

2.1 引言

20世纪80年代末，联合国粮食及农业组织在东南亚出台了《农民田间学校教学策略》。通过实施这一策略，东南亚稻农对虫害综合治理有了更深入的了解。与此同时，亚洲、非洲和拉丁美洲的很多国家也竞相采用这种培训策略。近年来，联合国粮食及农业组织也将此策略用于培训牲畜饲养户。

之前，科研和技术推广机构习惯把提升农户生产能力作为传授技术的主要手段。但是，农业生产系统中的许多问题都很复杂且具有地域特征，这就需要对传授技术的方法和策略进行调整。

绵羊生产系统也很复杂，养羊户需要具备丰富的经验和知识。农民田间学校为养羊户提供了培训平台，通过测试、验证以及实施良好的农业和营销策略，帮助他们实现粮食生产可持续发展，提高生活水平。此外，由于气候以及新发病等饲养条件的不断变化，养羊户也需要学习饲养知识、改善饲养方法，而农民田间学校恰好能满足养羊户对这种知识和方法的需求。

与大多数技术推广方法相比，农民田间学校旨在增强当地农民农业生产能力、分析他们的生产系统、找出当地农业生产的主要制约因素。农民田间学校努力寻找可解决这些问题的方法，并通过内部实验对新农业生产方法进行测试和调整。这种培训方法将传统知识与外部技术、策略结合在一起，农民可选择和采用最合适的方法及技术。我们也可以根据当地情况和自己的需求对培训内容进行适当调整，以增强当地农业生产韧性、提高农民生活水平。

绵羊养殖农民田间学校的具体教学目标如下：

- 向养羊户传授饲养知识和技能，培养其关键决策能力。
- 提高养羊户生产系统韧性，增强抵抗外部风险的能力。
- 帮助养羊户创新解决问题的方法，提高其应变能力。
- 提高养羊户集体行动能力，提升团队质量，增强团队决策意识。
- 为养羊户、科研人员和技术推广人员提供机会，可共同讨论、测试和调整当地具体农业生产系统问题的解决方案。

在阿塞拜疆，畜牧业农民田间学校的概念是新颖的。在大多数情况下，运用农民田间学校教学法来推广农业生产技术会带来显著变化。传统的技术推广是采用"自上而下"的理论方法，而农民田间学校教学法则侧重于参与式实操培训。这就意味着，农民田间学校的辅导员和培训人必须正确认识农民田间学校教学法，因为他们的角色是"辅导员"而不是"授课人"。

2.2　农民田间学校教学步骤

下文介绍了农民田间学校（FFS）的具体教学步骤，也是绵羊养殖农民田间学校的教学指导原则。附录26列出了农民田间学校教学周期示例，描述了该类培训的实施计划。需要指出的是，参与培训的学员有权决定最终的培训活动和实验内容。

第1步：了解先决条件

在一个新地区实施农民田间学校教学培训之前，应该开展先决条件评估工作。本手册第5章介绍的参与式工具是开展这种评估工作的重要手段。这些工具可以让项目小组研判是否适合在目标区域开展农民田间学校教学。此外，如果计划在目标区域的绵羊生产系统和村庄开展农民田间学校教学，这些工具还能帮助我们初步了解将要面临哪些重大问题和挑战。这种事前调查还有助于研判当地绵羊养殖的现状和机会，找出利益相关方，确定当地有哪些农民田间学校方面的专家。

在阿塞拜疆畜牧业采用农民田间学校教学是一种相对较新的做法，所以需要边实施边总结经验教训。我们建议要注重培训的质量而不是数量。项目小组还应研判是否有足够的时间对培训主管进行全面培训，并考虑是否需要与辅导员培训相结合。

第2步：确定总培训期

在绵羊生产系统开展农民田间学校教学时，最好在一整年内至少举行20次学习活动。这与在种植业系统实施农民田间学校教学法有所不同，后者只需持续1个农作物生长季。在绵羊生产系统实施农民田间学校教学耗时更久，这是因为学员需要就绵羊生产问题开展相关实验，耗费很多时间。另外，绵羊生产系统会在不同季节遇到各种问题和挑战，农民田间学校教学也需相应地在不同时间段安排相关教学活动。

需要指出的是，实施具体农民田间学校教学的类型和遇到的问题，也会影响相关活动的时间和频次。例如，如果农民田间学校教学主题是选择育种，那么持续时间将会更长，而相关教学活动的频率也会降低。

如果有必要缩短农民田间学校教学时间，那么应确保一次培训至少涵盖雨季和旱季，且应确保重要实验持续几个月（见第4章）。例如，在育种问题上就要按照上述要求实施相关活动。

第3步：确定和培训农民田间学校教学培训主管

按照通常的做法，在实施农民田间学校教学培训项目时，应按照计划对教学培训主管进行长期培训。这些教学培训主管反过来又可以培训辅导员。实际工作中，很可能没有教学培训主管参与农民田间学校教学培训项目，也可能没有足够时间去接受培训，因此在这一点上就要做一些妥协。我们建议至少应招聘一些经验丰富的培训员，如果有必要，也可从国外招聘。

第4步：选拔和培训农民田间学校辅导员

在启动农民田间学校教学培训前，应完成对辅导员的选拔和培训工作。理想的情况是，我们能够对辅导员进行长期集中培训，但是可能项目有时间限制。原则上讲，辅导员应该住在农民田间学校教学活动场所或者住在教学活动场所附近。

在绵羊养殖农民田间学校教学中，辅导员的能力和工作效率决定了教学质量，所以按照业务过硬的标准选出合适的辅导员至关重要。在农民田间学校实施过程中，辅导员必须定期参加规定的教学活动。若有可能，为确保教学活动始终都有辅导员参加，应确定两名备选辅导员。

应制定关于教学主管和辅导员的选拔标准。更重要的是，在实际工作中，应严格按照这些标准选拔教学培训主管和辅导员，否则就会影响农民田间学校教学质量。我们可以从德高望重的牲畜生产人员以及动物产品机构工作人员中选拔辅导员。理想的辅导员应该符合以下标准：会说当地语言、在农民田间学校附近居住、对当地牲畜和绵羊生产了如指掌、充满活力和自信。

培训辅导员是实施农民田间学校教学项目至关重要的第1步。例如，我们在阿塞拜疆的一个农民田间学校教学项目中，对辅导员培训了22天，其中在第1阶段培训了12天；在第2阶段培训了10天。我们建议每次选拔15～30人参加辅导员培训课程，这样可以保证所有参与人员都能够充分接受实操培训。技术推广和项目工作人员最好也参加这种培训。在培训辅导员过程中，如果能够组织他们到农民田间学校现场（例如，牲畜或养羊场所）参观，将会大有裨益。

在整个辅导员培训过程，参与性培训方式能够让所有参训人员都全身心投入。所有教学活动都应侧重于如何在目标区域开展农民田间学校项目这一问题。

可以建立一个互导机制，这样有经验的辅导员就能够指导其他辅导员。

此外，不同小组的辅导员也可通过互相交流来达到相互学习的目的。

第5步：开展基础性工作

参加过培训的辅导员和项目工作人员应该找准目标学员（养羊户）的需求。2020年9月开展的养羊户需求评估就为这一阶段工作打下了基础，但可能仍需收集当地一些具体信息。为了更好地找准养羊户需求，我们建议按以下步骤开展工作：

（1）联系目标社区。首先需要了解目标养羊户有培训需求的具体原因。应先联系社区负责人，听取他们对农民田间学校的意见反馈，并征得他们的同意，在具体社区开展相关工作。

（2）召开会议以加深学习。通过组织召开会议，向目标养羊户介绍农民田间学校概念。这种会议旨在解释农民田间学校，让参会人员清楚具体情况。另外，很重要的一点就是，要让目标养羊户清楚地知道他们参加农民田间学校项目有什么收获。

（3）确定农民田间学校学员。在当地领导人的协助下，30～40名农民可组成田间学校学习班。大多数情况下，在开展几次农民田间学校活动后，学员数量会缩减至30人左右，这是符合预期的理想情况。在选择学员时，应综合考虑性别和文化因素：既有男性也有女性，且不同年龄段学员组成的学习班最为理想。应按照以下具体标准选择学员：

①备选人员在提升羊生产性能方面兴趣相投。

②养羊是备选人员主要生活收入来源之一。

③备选人员是家庭中的决策人。

④备选人员经济社会地位相当（原则上，村长等负责人可以管理农民田间学校）。

⑤所有学员应该居住在农民田间学校场所附近。

⑥备选人员之间没有矛盾冲突。

⑦备选人员既愿意也有能力参加农民田间学校组织的所有教学活动。

⑧备选人员都乐于分享看法、执行小组任务。

⑨备选人员愿意为教学活动投入金钱、时间或物资。

⑩备选人员渴望学习养羊知识和技术。

⑪备选人员不在意短期的金钱或物质利益。

⑫参加农民田间学校实验的养羊户有自己的养羊场和羊群，同意参观人员访问自己的养羊场，并为开展实验准备好养羊场和动物。

（4）选定农民田间学校活动场所。农民田间学校组织人员应选择开展相关教学活动的场所。此外，应选择一个养羊场和一群羊进行相关实验，具体选择标准如下：

①拟选场所必须可进可出。

②所有学员对选址问题意见一致。

③拟选场所空间足够大，可以容纳所有学员。

④拟选场所空间最好能够避免阳光直射。

⑤拟选场所的主人大部分时间都在场，且为人友善、性格随和、值得信任。

第6步：成立农民田间学校

在开展农民田间学校学习和实验前，应至少召开两次预备会议，每次约持续2小时。预备会议应讨论以下问题：

（1）通过参与活动、自我介绍等方式，确保所有学员相互了解（见第5章）。

（2）为提升学习效果，确保学员认为学有所值，农民田间学校所有学员必须有相似的心理预期。农民田间学校教学活动的参与式计划包括：

①以下工作完成后，农民田间学校即告正式成立：

a. 选定农民田间学校名称。

b. 选定农民田间学校标语。

c. 制定农民田间学校规章（类似企业机构的章程）。

d. 选出农民田间学校主席、秘书和财务主管。

e. 完成农民田间学校登记注册（例如，到政府相关部门登记）。

f. 开设银行账户（若有必要），接受学员捐款。

g. 筹集资金以资助开展相关活动（例如，寻求资助金等）。

②成立轮任制行政组。该行政组主持农民田间学校日常工作，协助辅导员组织教学活动，并根据需要承担其他任务。

③分析主要问题并按其重要程度排序。在农民田间学校前几次学习活动中，讨论并分析主要问题和所面临的挑战。经分析后，对这些问题的重要性进行排序，并将其作为农民田间学校教学的主要内容。我们可使用第5章介绍的参与式工具来确定相关问题的重要性，其中尤其要注意使用绘制图、直接观察法和农事图等。此外，我们还可以使用第5章介绍的排序工具对梳理出的问题按其重要性进行排序。

④找出解决方案。分析问题并进行排序后，应开展学员头脑风暴活动，找出解决问题的办法，并在农民田间学校测试和评估这些办法的可行性。

⑤制定农民田间学校教学计划。完成以上工作后，辅导员和全体学员协作，根据之前确定的主要问题及找到的解决方法，制定农民田间学校拟开展的教学活动计划。农民田间学校教学活动包括开展农业生态系统分析、对比实验及其他专题讨论。如果农民田间学校能够组织到其他学校交流访问，或访问其他相关养羊场/场所，既能提升学员积极性，又能促进学习。辅导员应制定教

学活动计划表，为农民田间学校每次教学活动确定日期和主题。将这种计划表绘制在展板上，每次教学活动时都应出示。

⑥执行监评计划。应制定并实施针对学员参加教学活动的监测和评估计划，以研判相关学习活动是否达到农民田间学校的教学目标，并分析学员是否获得了进步。

第7步：实施农民田间学校教学活动

学员和辅导员商定农民田间学校启动时间、学时及教学活动次数。一般来说，农民田间学校每周开展一次教学活动，每次活动时间约为半天。应确保农民田间学校总学时足够长，这样才能在数月时间里开展驱虫、饲料实验等对比实验和学习活动（见"4.3实验示例"课程具体介绍）。考虑到每个阶段都要进行实操练习，农民田间学校的教学应涵盖整个绵羊生产周期（例如，"羊羔到羊羔"）。

我们可以通过采取视频、实操、展示和其他参与式方法，来提高学员参加农民田间学校的积极性。为了确保所有学员都参加农民田间学校，所有教学活动都应使用当地语言。农民田间学校行政组是一个轮任制的小组，肩负很多职责，例如，为有需要的辅导员提供协助、准备活动场地、按计划为每次活动做好前期工作、协助提高学员学习的积极性。此外，行政组还负责接待访客或外部专家、安排活动时间及做好出勤记录。表1列出了典型的农民田间学校教学活动情况。

表1 农民田间学校教学活动样表

时间	活动	目标	责任人
7:30—7:45	● 开班 ● 点名 ● 上次活动回顾	● 提示学员开始教学活动 ● 记录考勤 ● 巩固学习	行政组
7:30—8:30	农业生态系统分析——对实验进行系统观察和分析	注重观察分析问题，监测进度	所有学员分成小分组
8:30—9:00	分组分析讨论农业生态系统	提高分析技能和数据分析能力	小分组
9:00—9:30	报告农业生态系统分析结果	确保小组内所有学员能够分享农业生态系统分析结果	辅导员、行政组
9:30—9:45	小组互动练习	● 提高农民田间学校（FFS）学员积极性 ● 提升团队建设 ● 提高学习参与度	行政组、辅导员

（续）

时间	活动	目标	责任人
9:45—11:45	专题活动	• 增强对主要问题的学习 • 促进学习创新 • 增加讨论	辅导员或专家（若合适）
11:45—11:55	总结一天活动 监评参与度	• 评估学习成果 • 强化学习进程	辅导员
11:55—12:10	下一步学习活动计划	• 对农民田间学校学习外的活动进行规划 • 计划下一次农民田间学校活动	行政组
12:10—12:20	• 点名 • 发布消息 • 致谢并结束学习	• 记录迟到的学员 • 分享新闻、发布消息	行政组

资料来源：联合国粮食及农业组织，2021。

第8步：参观访问计划

参观访问是指学员到指定场所开展技术学习，例如，学员到经验丰富的养羊户那里学习如何制作青贮饲料。此外，还可以组织学员与附近的农民田间学校学员进行交流和参观访问。这些参观访问能够激励学员们交流学习经验，观察其他学校如何开展学习活动，这种做法往往能提高学员的积极性。那些无法参观访问的学员，可以通过短视频和照片了解相关情况。

第9步：结业计划

如果农民田间学校学员已经完成75%以上的总课程计划，经考核后准予结业。辅导员组织全体学员召开正式的结业典礼，届时可以邀请其他养羊户和官员参加。作为对农民田间学校学员所付出的努力的认可，可以给他们颁发结业证书。举办结业典礼还可展示农民田间学校取得的成果，鼓励在该地区继续开展这样的农民田间学校教学活动。

第10步：开展农民田间学校后续活动

农民田间学校学员结业并不意味着学习的结束。农民田间学校在学员毕业后可继续运行，学员也可与辅导员共同制订后续行动方案。结业后，农民田间学校学员可继续开展绵羊生产相关活动以增加收入，但可能需要筹集资金来推动这些盈利活动。

第11步：农民田间学校学员网络

如果某地区有若干农民田间学校学习班，则可以建立农民田间学校校友网络。参与学习的养羊户结业后如果想继续开展相关活动，就可以通过这种学习网络获得相应支持。此外，这种学习网络还可以协助成立新的农民田间学校学习班。

第12步：开设第二期农民田间学校学习班

如果有些学习班学员想在新的农民田间学校学习班担任辅导员，则可以给这些新辅导员组织培训。他们可向现任辅导员学习更多关于辅导方面的知识，以后可以组建自己的学习班。

2.3　农业生态系统分析

2.3.1　简介

农业生态系统分析（AESA）是一种分析性工具，可供农民田间学校学员分析、观察，并协助学员做出养羊方面的决策。在农业生态系统分析过程中，学员通常在实验中通过观察来收集信息。该工具可用于农民田间学校各项学习活动。农业生态系统分析可以协助有关人员做出关于羊群或实验管理的决策。

2.3.2　农业生态系统分析步骤

我们可参考附录1：讲义SP1——羊的信号开展农业生态系统分析，确保学员能够观察到羊表现出的所有信号。下文介绍了开展农业生态系统分析的基本步骤。

以下是农业生态系统分析步骤：

（1）通过实验观察收集数据。养羊户可以观察具体活动，收集相关信息。学员可以边实验边收集数据。例如，按照学员事前商定，认真观看牧草或羊群，观察具体指标的变化情况。

（2）农民田间学校全体学员可以进一步分为若干小分组，各小分组到实验区执行观察任务、收集数据。这个过程约用时30分钟。

（3）收集数据后，各小分组集中分析观察收集的信息，这一过程约用时20分钟。之后，学习小分组商讨，制订农业生态系统分析表（表2）。可以将数据放在展板上，在全体学员会上展示分享。

（4）在全体学员学习会上，各小分组都要分享自己的分析结果。分享完毕后，其他小分组要提出反馈意见。至关重要的一点是，应保证每名农民田间学校学员都有分享自己分析结果的机会。

（5）农民田间学校学习班对比各小分组分析结果后，就重要结论以及将采取什么行动来促成改变等问题达成一致意见。

（6）辅导员总结主要问题、强调学习要点后，农业生态系统分析活动就可以结束了。该阶段约持续10分钟。

我们可使用本手册列出的农业生态系统分析表（表2）开展农业生态系统分析。

①分析数据，各小分组将自己的分析结果填写在类似表格中。我们可在这种表格里填写具体数据信息，也可插入图片、照片和绘图等内容。各小分组学员还应使用这一表格记录主要分析结论、决策及建议等内容。

②分享结果，每个小分享组都可以在全体学员学习会议上展示自己的分析结果。这类展示是农民田间学校学习小分组的重要组成内容，因为它既可提高学员的信心，又可提高他们的交流技能。

③讨论结论，召开会议，全体学员对各小分组得出的结论进行分析。根据分析结果，我们可提出建议即采取哪些行动改变现状。

表2 农业生态系统分析表

农民田间学校名称.............	每周记录
位置.............	体重.............
编号.............	体长.............
小分组名称.............	每天产奶量.............
日期.............	饲喂方式.............
拟解决的问题/目标.............	
	观察
基本信息	毛/皮状况.............
天气条件.............	名称.............
观察时间.............	移动.............
品种类型.............	最后配种日期.............
名称.............	寄生虫/害虫情况.............
出生日期和年龄.............	受伤情况.............
最后配种日期.............	活动程度.............
妊娠阶段.............	总体健康状况.............
幼羔数量.............	
处理方式（药、饲料、牧草、补充饲料等）	建议：.............

资料来源：联合国粮食及农业组织，2021。

2.3.3 开展农业生态系统分析活动示例（90分钟）

以下是农业生态系统分析的基本步骤：

（1）农民田间学校全体学员进一步分成若干小分组，各小分组到实验区执行观察任务、收集数据。这个过程约用时30分钟。

（2）收集数据后，各小分组学员坐下来分析观察收集到的信息，这一过程用时约20分钟。之后，全体学员讨论并制订农业生态系统分析表（表2）。可将数据做成海报，以便在全体学员会上展示分享。

（3）在全体学员学习大会上，各小分组都要分享自己的分析结果。分享完毕后，其他小分组要提出反馈意见。至关重要的一点是，应保证每名学员都有分享分析结果的机会。

（4）农民田间学校全体学员对比各小分组分析结果后，就重要结论、拟采取的改进措施等问题达成一致意见。

（5）辅导员总结主要问题、强调学习要点后，农业生态系统分析活动就可以结束了。这一过程约持续10分钟。

我们可参考附录1：讲义SP1——羊的信号，分析农业生态系统，辨别健康羊和非健康羊。

第3章

专题讨论学习活动

3.1 引言

本章主要进行专题讨论，内容包括讨论专题和实践环节等学习活动。农民田间学校通过开展实验、邀请专家、分配小分组工作和召开全体学员学习会进行讨论来推进专题学习活动。我们提供了一些实验链接，供学员准备小组讨论时参考。本章需要借助一些图标来标注具体问题。下文对这些图标进行了解释。

这个图标表示可以在讲义里找到相应的参考信息。我们将会把讲义分发给所有学员。请注意，有些讲义可以在学习活动前分发给学员，但是大多数讲义要在活动后才发给学员。

这个图标表示在养羊场对羊进行实践操作练习。我们建议最好在实践课之前做好充分准备，事前就摸清养羊场的情况。

这个图标表示计算练习，学员可逐一操作。通过这些练习，确保所有参与学习的养羊户都能掌握计算技能。

第4章的技术专题涉及农民田间学校实验内容，我们用这个图标来表示相关实验内容。

这个图标表示如果能邀请到当地专家，可在农民田间学校开设专题学习活动，以便引导学员对此专题进行更加深入的研究。注意：应缩短这些专题活动的时间，最好在1小时内就能结束。

这个图标表示提及的内容极为重要，应按照建议进行操作。

这个图标表示可点击手册中列出的网络链接观看相关视频资料，也可访问其他在线培训资源。

3.2 养羊业概况

3.2.1 活动SP1：专题讨论

简介：本节课介绍了养羊业概况，辅导员在开课之初介绍绵羊养殖农民田间学校教学的可行性。在全体学员学习会上，通过问答的方式，讨论这一专题。在接下来的课程学习中，要到养羊场进行现场操作练习，可能需要在养羊场提前准备羊群和设备。

目标：
- 让学员之间互相熟悉，开始讨论绵羊生产问题。
- 介绍几个将在农民田间学校课程中详细讨论的问题。

教学材料：
- 向学员发放做笔记使用的纸和笔。
- 供辅导员教学用的白板/黑板和展板。
- 计时器。

地点：选择教室等安静的室内环境。

备注：可以向学员介绍其他专题，但应确保总教学/学员会议时间不超过2小时。

讨论SP1-1：养羊的重要性（20分钟）

辅导员可以将学习班学员分成几个小分组，每小分组4～5名学员。辅导员要求各小分组介绍农民田间学校所在区域养羊的作用和重要性，鼓励他们群策群力、尽其所能地总结出绵羊生产的所有作用。之后，辅导员让一些小分组在全体学员学习会上分享自己的结论，其他小分组可以进行补充。

讨论SP1-2：养羊业面临的挑战和机遇（30分钟）

让小分组学员总结本地绵羊生产过程中遇到的主要挑战，将这些挑战写在展板上。继续让学员思考（探索）养羊业还面临哪些风险，直到他们找出所有风险点。根据已经找出的问题，可以让一些学员对他们自己认为最严重的风险进行排序。让其他学员发表看法，问他们是否同意这种排序（可从第5章中选择一种排序方法）。排查完风险点后，可继续让学员说出绵羊生产的机遇。之后，重复之前的做法，把已经确定的机遇写在展板上，然后让学员继续思考（探索）还有哪些机遇。让1名或2名学员说出他们认为最重要的机会。之后，让其他学员提出反馈意见，看看他们是否同意这种结论。

讨论SP1-3：绵羊生产实践（40分钟）

可将全体学员分成若干小分组，然后让所有小分组列出自己能想到的所有管理措施（见下文）。让各小分组在全体学员学习会上发表自己的看法，之后，标注出已经提及和尚未提及的措施。第1个问题是询问学员目前所采取的措施以及每种措施涉及多少养羊户。第2个问题可以是以后想采取哪种措施。在随后的农民田间学校学习活动中，在讨论如何做实验和安排专题的先后次序时，继续讨论这个问题。有一些绵羊生产措施对养羊业规范管理至关重要：

（1）饲料和饮水。绵羊生产过程中，应确保羊摄入足量的饲料（无论是牧养还是圈养）和水，这是最为基本的要素。饲料和水在绵羊生产中扮演着至关重要的角色。最理想的情况是，能够确保羊1天24小时都能饮到水。在提供饲料和水时，应注意以下具体问题：

①做好牧场管理。例如，及时对牧场撒种复绿以及施肥。

②储存饲料。应储存饲料以应对旱季或冬季。例如，可以通过制作干草或青贮饲料等方式完成这一工作。

③管理牧羊策略。有效实施牧羊管理策略，可以提高绵羊生产效益，这些策略包括分区轮牧、条区放牧、设置电子围栏、季节性迁移放牧等。

④补充饲料。补充饲料是指给牲畜饲喂的其他饲料添加剂。在饲料添加剂中，矿物质/维生素补充剂（例如，矿物质或盐）和能量/蛋白质补充剂（例如，玉米、谷子、棉籽或甜菜粕）的作用和配比各不相同。

（2）测羊体重。养羊户可使用磅秤等工具测量羊的体重，以掌握卖羊的时机，并在出售羊时占主导地位。

（3）设立标识。可以通过彩色打标、耳缺或者打耳标等方式对羊进行区分标识。

（4）手术去势。对公羊实施去势手术是控制其繁殖的方式之一。去势手术可以防止公羊近亲繁殖，从而保证羊群生产质量。

（5）驱除寄生虫。可减少羊体内外的寄生虫，有效提高养羊生产性能。

（6）接种疫苗。给羊接种疫苗可以预防大部分病毒性疫病。

（7）建羊圈。修建羊圈是提高羊生产性能的基本要素之一。羊圈既可抵御气候变化，又可防盗。应注意保持羊圈卫生，且通风状况良好。

（8）挑选种羊。根据公羊的性能表现或其他指标，挑选出种羊。

（9）扑杀。扑杀是指去除性能表现不佳、有异常特征、受伤、患病或老弱的羊。

讨论SP1-4：扶正倒翻羊（15分钟）

附录5：讲义SP5——扶正倒翻羊

阅读讲义后，组织此学习活动。询问学员是否了解羊倒翻这种情况，以及发现羊倒翻后如何处理。继续询问学员遇到倒翻羊的频次，以及应该采取什么措施预防这种情况的发生。根据学员的回答，结合讲义上给出的技术指导，讨论扶正倒翻羊的技巧。给学员分发讲义。如果在农民田间学校的实操学习活动中有机会，请展示这种扶正倒翻羊的技巧。

3.2.2 活动SP2：实操学习活动——羊的一般信号

目标：
- 介绍羊的基本生产性能指标。
- 让学员学会使用设备测量羊生产性能指标，以备后用。

教学材料：
- 供学员做记录的纸和笔。
- 测量指标的设备，如秒表、温度计、磅秤或弹簧秤。最好配备多套设备，以供各小分组使用。
- 计时器。
- 附录1：讲义SP1——羊的信号。
- 附录2：讲义SP2——绵羊的一般生产性能指标。

用时：1小时30分钟。

地点：养羊场，养羊场最好有各类羊群，其中包括幼羊。

步骤：

（1）开展此次学习活动前1周，先参观目标养羊场，根据讲义内容查看羊的信号。

（2）将全体学员分为若干小分组，每个小分组4～5人。

（3）询问学员是否了解羊的基本指标，让他们预估后做记录，例如：
- 体温。
- 体重。
- 羊龄。
- 心率。
- 呼吸频率。
- 黏膜颜色。

- 瘤胃收缩。
- 每次反刍咀嚼几次。
- 你能想到的其他任何指标。

显然，羊的体重各不相同，但是测量羊体重是一种很好的练习，因为这样可验证养羊户对羊体重的估量是否准确。此外，测量羊体重也是接下来实验活动的一项重要内容，因为很多实验都会涉及测量动物体重。需要注意的是，应定期使用已知的标准重量（例如，一个50千克的袋子）来校正测量仪器，确保仪器显示正常的羊的体重，若有必要，对测量仪器进行校准。

（4）要求所有小分组学员分享对每个指标的预估值，并询问他们是否观察到诸如疫病之类的其他信号。

（5）让学员通过观察羊的牙齿来估测其年龄（见下文相关资料）。

（6）各小分组使用称重秤、体温计或其他设备来测量不同的羊的指标，并通过观察羊的牙齿来估测羊龄。使用称重秤时，先让人固定住（幼）羊后一起称重，然后再减去人的体重。

（7）各小分组都可以在全体学员会上分享测量结果，然后讨论自己事前的预估是否正确。

（8）总结从这些活动中获得的经验，分析通过各种信号监测羊群的重要性。向学员介绍接下来学习活动中将要使用的信号。

（9）将讲义分发给学员。

3.2.3 活动SP3：实操学习活动——牧羊和逃避距离

目标：
- 介绍"无压力牧羊"和"逃避距离"专题。
- 提高学员通过"逃避距离"这一工具实现无压力牧羊。

教学材料：
- 供学员做记录的纸和笔。
- 展板和笔，展示相关资料中的图表数据（或者将图表数据打印出来）。
- 计时器。
- 卷尺，可用于提升学员预估值的精确度。
- 附录3：讲义SP3——牧羊和逃避距离。

用时： 1小时30分钟。

地点： 养羊场，羊群分成若干小群。

步骤：

（1）开展此次教学活动前1周，先到养羊场熟悉情况，并对照讲义内容核查羊显示的不同信号。

（2）将学员分成几个小分组，每个小分组4～5人。

（3）让各小分组学员缓慢、悄悄地靠近某只羊，每次派出1名学员，并估算出可接近羊的距离，但在这个距离内，羊并没有反应，也不会跑开（逃避）。慢慢靠近时，让学员观察头羊方向的差异。让学员记录其他差异，如蹄印。

（4）召开全体学员临时会议，让各组反馈情况（10分钟）。

（5）介绍使用逃避距离作为牧羊的工具，并向学员解释"平衡点"（见下文相关资料）。继续向学员介绍在羊后面的奔跑速度，并以蜿蜒前行的方式观察羊群，确保它们向同一方向移动。

（6）让小分组学员使用相关资料给出的提示（平衡、逃避距离、蜿蜒前行、奔跑速度），练习对小羊群进行放牧。

（7）召开全体学员学习会，听取各组汇报情况。

（8）总结从这些活动中获得的经验，分析通过各种信号监测羊群的重要性。向学员介绍接下来学习活动中将要使用的信号。

（9）让学员自己在家练习，并在农民田间学校下一次学习活动上分享自己的体会。

（10）分发讲义。

3.2.4　活动SP4：讨论活动——气候变化介绍

目标：

- 介绍与绵羊生产有关的气候变化专题。
- 了解与绵羊生产有关的气候变化问题。
- 让学员掌握一些应对和缓解气候变化的方法。

教学材料：

- 供学员做记录的纸和笔。
- 展板和笔，展示相关资料中的图表数据（或者将图表数据打印出来）。
- 计时器。
- 附录6：讲义SP6——气候智能型绵羊生产。

用时：60分钟。

地点：选择教室等安静的室内环境。

步骤：

（1）运用讲义提供的相关资料来解释气候变化给阿塞拜疆绵羊生产带来的影响。询问学员："你们体会到长期气候变化对绵羊生产的影响了吗？"或"你们感觉到气候变化了吗？"考虑问题时，应结合降水量、温度、干旱、动物疫病变化、牧草生长变化等因素。

（2）解释应对气候变化与缓解气候变化影响的区别。

（3）让各小分组学员思考适应气候变化与缓解气候变化影响的方法，并总结这些方法，在全体学员学习会上分享。

①你知道具体适应方案吗？

②你知道缓解气候变化的方法吗？

（4）对照讲义给出的相关方法，详细说明应对气候变化的主要措施，以及缓解气候变化影响的主要措施，包括储存饲料、备水等。

（5）向学员解释清楚，有些措施既能够应对气候变化，又能够缓解气候变化影响。所有这些措施都是"气候智能型"的，我们应该致力于建设气候智能型养羊场。

（6）分发讲义。

3.3 标识绵羊和保存记录

3.3.1 活动ID1：标识绵羊

简介：在绵羊生产中，应保存一些记录，这些记录是监测和评估绵羊生产系统的重要依据。养羊户可以根据监测和评估结果，确定哪些羔羊生长正常，可留在羊群中，哪些母羊性能良好，以及哪些公羊可以用作种羊。

标识绵羊后，应随后进行记录。标识有助于饲养和监测羊的生长、健康、用药及免疫接种情况。完美的标识能够让人容易辨别绵羊、操作方便、载有绵羊的全面信息、不易损坏或丢失。结合讲义给出的技术信息，开展相关讨论活动。

目标：

- 养羊户了解目前所有标识绵羊的方法以及这些方法的优点和缺点。
- 介绍标识绵羊的材料、方法和应用情况。

用时：45分钟。

地点：教室等安静的环境。如果附近有养羊场，可以去那里展示如何给绵羊打耳标。

教学材料：

- 供展示用的绵羊标识设备，如耳标及打标工具、耳标编号及打号器、带有标识的绵羊照片、彩色马克笔或其他用于标识绵羊的物料。不要提前将这些设备展示给学员。
- 计时器。
- 展板、白板/黑板、马克笔。
- 附录7：讲义ID1——动物标识。

步骤：

（1）建议简要介绍本次学习活动主题，而不是讨论任何技术信息。

（2）将全体学员进一步细分为若干4～5人的小分组。

（3）让小分组学员讨论标识绵羊：他们选择什么材料、在什么时候、使用什么方法给绵羊打标识。让他们介绍各种方法的优点和缺点，以及不使用任何标识的原因（10分钟）。

（4）让小分组在全体学员学习活动上分享讨论结果，并简单说明已开展的小组工作。

（5）此时展示标识设备，并结合讲义上给出的信息，介绍如何使用这些设备给绵羊打标识。结合绵羊繁殖、销售以及疫病防控等目的，介绍如何选择标识。

（6）若有机会，在现场通过实际操作向学员展示几种给绵羊打标识的方法。

（7）头脑风暴活动：让学员列出各种绵羊标识方法的所有优点和缺点，并把它们列在展板或白板/黑板上。

（8）在活动结束之际，分发讲义。

3.3.2 活动ID2：保存记录

简介：在绵羊生产中，应保存一些记录，这些记录是监测和评估绵羊生产系统的重要依据。养羊户可以根据监测和评估结果，确定哪些羔羊生长正常，可留在羊群中，哪些母羊性能良好，以及哪些公羊可以用作种羊。

如果养羊户按照我们的教学建议保存了记录，我们可以组织参观其养羊场，并邀请其展示所做的记录。该养羊户可以向其他学员介绍自己如何保存这些记录，以及为什么觉得这些记录很重要。

目标：

- 加深学员对保存记录重要性的认识。
- 让学员了解需要保存的重要记录，并解释原因。
- 鼓励学员自己决定保存哪些记录。

教学材料：

- 计时器。
- 展板或白板/黑板，笔。
- 附录8：讲义ID2——记录的保存。

用时：45分钟。

地点：教室等安静的室内环境。

步骤：

（1）阅读讲义，做好相关准备。

（2）建议介绍保存记录这一主题，并将全体学员分为若干4～5人的小分组。

（3）让小分组讨论如何保存记录、使用记录，何时记录，以及采取哪种方法做记录。让学员说出每种记录方法的缺点和优点。

（4）让小分组在全体学员学习会上做报告，并简要介绍自己小组的工作。在展板上列出全体学员提及的生产性能指标。

（5）复查讲义，并添加讲义未提及的指标。与学员一起总结讲义提供的信息，并在学习班内进行讨论。向学员介绍讲义提供的基本记录表，并分发讲义。

（6）返回小分组，让学员列出所有自己愿意监测的指标，并解释原因（10分钟）。

（7）让小分组在全体学员学习会上进行简要分享。

（8）结束学习活动前，确保已经讨论了讲义涉及的所有问题。

3.4　饲料和水

3.4.1　活动FW1：专题讨论

讨论FW1-1：养羊的基本原则

简介：饲料的数量和质量以及供水问题往往是制约绵羊生产的最大因素。饲料的质量和利用率往往随季节的变化而变化，这会影响绵羊生产。通常情况下，饲料添加剂价格都比较高。这样的话，通常要使用当地饲料原料来生产饲料日粮。人和动物都需要不同类型的食品和营养成分。对动物来说，它们需要糖类来补充能量，瘤胃细菌需要摄取纤维素，身体组织需要补充蛋白质，脂肪以浓缩形式提供能量，而维生素和矿物质对育种、产奶和预防疫病至关重要。

本章介绍了精料补充料和矿物质及维生素添加剂等实验，见 4.3.1 和 4.3.2。

目标：
- 介绍基本饲喂原则。
- 了解各类绵羊的营养需求。
- 了解营养均衡对养羊的重要性。

教学材料：
- 各类动物饲料。
- 展板和笔。
- 计时器。
- 附录9：讲义FW1——营养物质需求。

用时： 60分钟。

步骤：

（1）让学员带一些他们常用羊饲料的样本。

（2）了解糖类、蛋白质、脂肪、纤维、矿物质和维生素等不同饲料营养成分的作用，了解绵羊的营养需求（见讲义FW1——营养物质需求），了解不同年龄、品种、生产水平、繁殖水平和性别的绵羊的不同营养需求。

（3）将学员分成若干4～5人的小分组，让他们描述"完美"的饲料配比，并说明选择这种"完美"饲料配比的原因。讨论他们所带来的各类饲料的区别，并根据饲料的相似之处进行分类。

（4）小分组可以在全体学员学习会上分享各自的讨论结果。

（5）全体学员分析产生这些结果的原因。是不是各小分组都能明确说出各自饲料的类型（纤维素、糖类、脂肪、蛋白质、矿物质和维生素）？是否考虑到了饮水？结合讲义给出的相关资料，讨论每种饲料的作用。

（6）讨论营养均衡饲料的配比。如何提高饲料的合格率？养羊户如何配制营养均衡的饲料以满足绵羊营养需求（例如，给高产绵羊饲喂高蛋白配比的饲料，给生产力不强的绵羊饲喂质量稍次的饲料）？

（7）在头脑风暴活动中，讨论羔羊、妊娠母羊、泌乳母羊等不同类型绵羊的不同营养需求，并记录讨论结果。简要分享讲义上介绍的信息。

（8）分发讲义。

讨论FW1-2：饮水（20分钟）

（1）阅读讲义上关于饮水的技术信息，并做好相关教学准备。

（2）在全体学员讨论会上询问养羊户多久让绵羊饮一次水？他们对绵羊

饮水质量有什么看法？公羊、种羊和羔羊对饮水要求有不同之处吗？成年绵羊饮水量和饮水次数各是多少？

（3）讨论如何改善当前的养羊饮水系统，以及如何确保绵羊能够持续饮水？

（4）结合讲义提供的信息开展讨论。

（5）分发附录9：讲义FW1——营养物质需求。

向学员介绍4.3.1节要求的实验FW-E1：饲喂精料补充料，并与学员一起设计本实验，共同选择使用哪种精料补充料进行实验，确定使用哪种绵羊做实验以及什么时候开展实验。准备好实验并列入教学计划。

讨论FW1-3：矿物质和维生素添加剂（30分钟）

按照附录10：讲义FW2——矿物质和维生素提供的信息来准备本次教学活动，并在学习活动结束后向学员分发讲义。在全体学员学习会上介绍给绵羊饲喂矿物质和维生素添加剂的重要性。

询问学员他们是否有过给绵羊饲喂矿物质和维生素添加剂的经验。学员对使用这些饲料添加剂有什么看法？他们通过什么形式和方式使用这些饲料添加剂，如粉末状、块状、就地取材等？他们是否在自己的养羊场使用过本土饲料添加剂？这些饲料添加剂是什么？有什么作用？结合讲义提供的补充信息开展讨论活动。有人知道这些饲料添加剂是否已经在实验室分析了实际成分？分发讲义。

介绍4.3.2节的实验FW-E2：矿物质和维生素。与学员一起设计如何开展此实验，考虑使用哪种矿物质和维生素，对哪种类型的绵羊进行测试，以及什么时间开始实验？将此实验规划好后列入教学计划。

3.4.2　活动FW2：实操学习活动——绵羊体况评分

简介：我们可通过绵羊的体况了解其营养状况以及出肉率和脂肪含量。我们将通过本次实操活动学习如何通过绵羊体况评分来测评羊群健康状况，并根据评分结果判断是否需要调整饲料供给。

目标：

● 介绍羊体况基本概念。

● 教养羊户如何发现羊体况相关的问题并寻找解决方案。

教学材料：

● 准备关于不同绵羊体况的图片（见相关资料）。

● 供学员做记录的纸和笔。

● 计时器。

● 附录4：讲义SP4——体况评分。

● 如果条件允许，可与学员一起观看在线视频（时长：9分钟），可点击以下链接：https://www.youtube.com/watch?v=iKgtWy8gf6M。

用时：1小时。

地点：养羊场。该养羊场应饲养各种类型的绵羊，包括公羊、母羊和羔羊等，最好绵羊体况各不相同。建议在本次活动中多参观几个养羊场。

步骤：

（1）在教学活动开展前几天，先参观拟使用的养羊场，观察不同绵羊体况。确保养羊场内有公羊、母羊和羔羊等各类绵羊。

（2）在全体学员学习会上简要介绍绵羊体况的概念，并使用1只或2只羊展示如何进行体况评分。

（3）将学员分成若干4～5人的小分组。让他们至少给4～5只羊的体况进行评分。

（4）让各小分组分享各自的评分结果。

（5）分析大家分享的结果。让学员自由讨论，答案不唯一。结合附录4表8，探讨应采取哪种措施来改善这种情况。

（6）学习活动结束之际，鼓励学员在自己的养羊场进行绵羊体况评分，并在下一次学习活动中分享评分结果。

3.4.3 活动FW3：实操学习活动——粪便的信号

简介：我们可通过粪便信号了解绵羊的营养状况以及出肉率和脂肪含量。这次实操学习活动能让学员通过粪便信号评估羊群的健康状况，并根据评估结果调整饲料供给。

目标：

● 介绍一般的粪便信号这一基本概念。

● 引导学员学会寻找粪便信号提示的问题，并提出解决措施。

教学材料：

● 事前收集显示不同粪便信号的照片（可见讲义）。

- 供学员做记录的纸和笔。
- 计时器。
- 附录11：讲义FW3——粪便的信号。
- 显示不同粪便信号的羊群。

用时：45分钟。

地点：养羊场。该养羊场应饲养各种类型的绵羊，包括公羊、母羊和羔羊，最好是绵羊的粪便信号各不相同。建议在本次活动中多参观几个养羊场。

步骤：

（1）在教学活动开展前几天，先参观拟使用的养羊场，观察粪便释放的不同信号。选定用于展示不同信号的绵羊。为了防止在教学活动时无法看到相关信号，可以提前拍照或收集样本。

（2）在全体学员学习会上介绍粪便信号这一概念。

（3）与学员一起寻找一些粪便样本，并解释发现了什么情况。观察粪便黏稠度、是否带血及结块毛簇等，学员有时还会发现粪便中的蠕虫。

（4）将学员分成若干4～5人的小分组，让他们观察特定羊群的粪便。查看粪便里是否有痢疾、带血，黏稠度是否异常、颜色是否异常、是否有结块毛簇和蠕虫等情况。

（5）让各小分组分享观察结果。

（6）现在开始分析结果。学员看到了哪些不同的粪便信号。让学员自由讨论，答案不唯一。结合讲义提供的信息，探讨如何根据粪便信号去寻找应对措施。

（7）学习活动结束之际，鼓励学员在自己的养羊场观察粪便信号，并在下一次学习活动中分享观察结果。

（8）分发讲义。

3.5 牧场和牧羊管理

3.5.1 活动PG1：专题讨论

目标：

- 结合下面的技术信息，让学员讨论牧场管理和牧羊策略。
- 介绍农民田间学校课程中将会用到的一些专题。

教学材料：

- 供学员使用的纸和笔。
- 供辅导员教学用的白板/黑板和展板。
- 计时器。
- 讲义。

地点：教室等安静的环境。

备注：可向学员介绍其他专题，但是要确保每次总教学/学员学习时间不超过2小时。

讨论PG1-1：饲料品种（40分钟）

（1）首先，要确保已经掌握所在区域完整的饲料品种信息，知道它们的本土名和学名。

（2）可以让学员带来他们养羊场里的所有品种饲料样本和牧草样本，尤其是羊群喜欢吃的那些饲料的样本。

（3）将学员分成若干4～5人的小分组，让各小分组统计当地常见的饲料品种（10分钟）。

（4）让各小分组分享统计结果。

（5）在展板上写出所有大家喜欢的饲料品种，让学员使用第5章介绍的排序技巧，根据自己的喜好对饲料品种进行排序。

（6）完成饲料排序后，让学员讨论各自排序的原因。

讨论PG1-2：牧场管理（30分钟）

（1）结合下文提供的技术信息，讨论能否改良特定地区养羊户的牧场。

（2）结合PG1-1给出的信息，询问学员如何将排序靠前的饲料扩大使用范围/加大普及，从而改良牧场。

（3）询问学员哪些牧场可以重新种草。

（4）询问学员他们在自己的牧场除了使用羊群的粪便和尿，是否还使用过其他肥料。如果答案是肯定的，让他们说出肥料的具体种类。

向学员介绍第4.3.4节的实验PG-E2：饲料生产，与学员一起设计这个实验，共同研究使用哪种饲料做实验，研究何时开始实验。将此实验准备好后列入教学计划。

技术信息：鉴于羊群几乎一年到头都在室外，所以做好牧场管理至关重要。如果能够妥善管理牧场，除了矿物质和维生素之外，一般不再需要给羊群饲喂其他饲料添加剂。理想的牧草应该是鲜嫩、相对短而多叶的。头期草每千克干物质的能量比要高于后期草。很重要的一点是定期查看牧场，例如，重点观察牧草的密度和品种。可以通过重新种草来改善牧场状况。当良草占比低于60%时，就要考虑重新播种牧草。我们可以通过补播或多播来提高良草率。每年每公顷牧场多播10～15千克草种，就能维持牧场牧草的良好状态。在牧场播种时，建议将苜蓿和香草的种子混在一起。有些香草可以成为羊群美味、健康的食物。选用特定肥料可以改善牧草的营养成分。

讨论PG1-3：牧羊需求（30分钟）

（1）让每位学员分别计算以下内容：

- 有4块不同的小围场，各占地2公顷，每块小围场牧地都能牧羊。
- 每只成年母羊每天大约吃1.5千克干物质。
- 每公顷围场牧地大约能产750千克干物质。
- 50只成年羊在一块围场牧地多少天就得转移到下一块围场牧地?

（2）结合下文信息，全体学员讨论计算结果。

技术信息：每只体重为65～70千克的成年母羊每天大约吃1.5千克干物质。每公顷良好牧场的干物质生产量约为750千克。因此，每块占地2公顷的小围场大约能产1 500千克干物质。如果向小围场牧地投放50只羊，那么它们一天能吃掉75千克干物质。因此，它们在1 500千克/75（千克/天）＝20天内就能吃完1 500千克干物质。所以，这群羊20天后就得转移到另一块占地2公顷的小围场牧地。养羊户应通过这样的计算方法来预估羊群在一个地方多久就需要换到新牧场，并根据计算结果决定在什么时间、添加多少饲料。

讨论PG1-4：牧羊策略

将学员分成若干4～5人的小分组。各小分组都列出他们能想到的牧羊技巧。若有需要，可向学员介绍讲义上提供的方法。小分组列举任务完成后，让一部分学员在全体学员学习会上进行分享，然后展开讨论。如果有必要，还可以讨论一些其他问题。

分发附录12：讲义PG1——放牧策略，并讨论学员提供的策略，找出相同点和不同点。在学习活动结束之际，将技术信息以讲义形式分发给学员。

讨论PG1-5：电子围栏（30分钟）

（1）如果可能，准备好电子围栏设备。

（2）询问学员是否了解电子围栏，他们是否使用过/正在使用电子围栏。让学员介绍使用电子围栏的体验，并说出电子围栏的优点和缺点。

（3）向学员展示电子围栏设备，并告诉学员如何使用这种设备。

（4）结合上文讨论的放牧策略，使用电子围栏。

（5）讨论讲义提供的信息。

（6）将附录13：讲义PG2——电子围栏分发给学员。

向学员介绍第4.3.3的实验PG-E1：电子围栏－轮牧。结合讲义上关于放牧策略和电子围栏内容，与学员一起设计本实验。商量何时启动实验。将实验准备好后列入教学计划。

3.5.2 活动PG2：制备干草

目标：在学习活动结束之际，每名学员应该：

- 掌握储存饲料的基本方法。
- 能够说出适合制备干草的牧草和饲料。
- 能够介绍干草制作的基本知识和流程。

教学材料：

- 供学员做笔记的纸、笔。
- 供辅导员教学用的白板/黑板和展板。
- 计时器。
- 干草料样本。
- 附录14：讲义FW1——制作干草。

用时：45分钟，另有半天时间参观养羊场。

备注：如果有机会通过实践操作来演示这些制备干草的方法，最好将这种理论课程转为实践操作来演示学习活动。

步骤：

（1）阅读讲义并做好相关准备。

（2）（5分钟）储存饲料的方法和重要性：向学员介绍储存饲料这一专题，以及持续供应高品质饲料的重要性，做好这两方面可全年维持羊的高生产性能。

（3）（20分钟）制备干草：询问哪些学员制备过干草，让他们介绍制备干草的准确方法，包括制备最高品质干草的流程。听取并对比学员的不同方法，寻找制备干草的最佳方法，包括牧草类型、收割时间、干草储存等。参考下文相关资料。向学员展示可用于制备干草的各种牧草样本。

（4）（15分钟）饲料数量：让小分组学员计算干草用量，例如，3个月供养30只羊需要多少饲料？

（5）结论：讨论旱季干草、青贮饲料的优点和缺点，结合下文主要相关资料对本专题进行总结。

（6）分发讲义。

3.5.3 活动PG3：制作青贮饲料

目标：每名学员应：

- 了解储存饲料的基本方法。
- 能够说出制作青贮饲料的合适的草料和饲料。
- 能够说出制作青贮饲料的基本原理和流程。

教学材料：

- 供学员做笔记的纸和笔。
- 供辅导员教学用的白板/黑板和展板。
- 计时器。
- 青贮饲料样本。
- 附录15：讲义FW2——制作青贮饲料。

用时：45分钟，另有半天时间在养羊场。

备注：如果有机会通过实践操作来演示这些制备青贮饲料的方法，那最好将这种理论课程转为实践操作来演示学习活动。

步骤：

（1）阅读讲义并做好相关准备。

（2）（5分钟）储存饲料的方法和重要性：向学员介绍储存饲料这一专题，以及持续供应高品质饲料的重要性，做好这两方面可全年维持羊的高生产性能。

（3）（20分钟）制作青贮饲料：询问哪些学员制作过青贮饲料，让他们介绍制作青贮饲料的准确方法，包括制作最高品质青贮饲料的过程。听取并对比学员的不同方法，寻找制作青贮饲料的最佳方法，包括牧草类型、收割时间、干草储存等。参考以下相关资料。向学员展示用于制作青贮饲料的各种牧草样本。

（4）饲料数量：让小分组学员计算青贮饲料用量，例如，在干季，3个月供养30只羊需要多少饲料？

（5）结论：讨论旱季干草、青贮饲料的优点和缺点，结合下文主要相关资料对本主题进行总结。

（6）分发讲义。

3.6　绵羊育种

3.6.1　活动SB1：专题讨论

目标：

- 让学员通过讨论绵羊育种了解这个专题。
- 介绍几个接下来在农民田间学校课程中会详细讨论的专题。

教学材料：

- 供学员做记录的纸和笔。
- 供辅导员教学用的白板/黑板和展板。
- 计时器。
- 附录17：讲义SB1——绵羊育种。

地点： 教室等安静的环境。

备注： 还可以介绍其他主题，但应确保总课时/全体学员学习时间不超过2小时。

讨论SB1-1：绵羊育种（45分钟）

（1）阅读讲义，提前了解阿塞拜疆境内本土和外来的不同绵羊品种。

（2）将学员分成若干4～5人的小分组，让各小分组列出他们知道的绵羊品种。各小分组列举完毕后，让他们找出各品种的不同点、优点和缺点。

（3）各小分组可以分享自己的总结内容，并在展板上贴出自己的总结材料。讨论各品种之间的不同。

（4）从第5章中选一种排序方法，让学员按照不同的标准对各品种绵羊进行排序，如按照羔羊生长、产奶量、产毛量、耐寒性等标准排序。

（5）讨论排序结果。

（6）在农民田间学校接下来（实操）的学习活动中，结合本节内容辨别不同品种的绵羊，并在相关课程中继续讨论不同品种绵羊之间的差别。

（7）分发讲义。

讨论SB1-2：育种目标和挑选（45分钟）

本讨论活动旨在提高学员对绵羊育种目标的认识，帮助他们制订和完善育种计划，并让他们按照自己的育种计划学会挑选相应的母羊和公羊。

附录17：讲义SB1——绵羊育种

备注： 如果能邀请绵羊育种专家介绍绵羊育种问题，将会让学员受益匪浅。简单来说，可以要求专家与学员开展持续1小时的绵羊品种讨论活动。

（1）阅读讲义，提前了解育种目标及挑选公羊、母羊的标准。

（2）将学员分成若干4～5人的小分组，让各小分组讨论育种目标。制定育种标准时要考虑的因素包括产奶量、产肉量或产毛量、繁殖能力、抗病性、应对气候变化的能力、生长率等。让学员介绍自己的育种目标，并写在纸上。

（3）各小分组在全体学员学习会上简要分享自己的分析结果。

（4）讨论这些结果，并研究这些育种标准的相同点和不同点。

（5）向标准一致的小分组提问：挑选种母羊的主要标准是什么？挑选种公羊的主要标准是什么？

（6）让各小分组简要分享自己的分析结果。

（7）讨论不同结果的差异，并观察各组所定育种标准的异同。结合讲义提供的信息讨论育种计划和产羔方面的所有问题，这将在以后课程活动中进一步讨论。

（8）分发讲义。

3.6.2　活动SB2：育种计划

目标：

- 加深学员对育种计划的理解。
- 鼓励学员制订和改善自己的绵羊育种计划。

教学材料：

- 供学员做记录的纸和笔。
- 供辅导员教学用的白板/黑板和展板。
- 计时器。
- 附录17：讲义SB1——绵羊育种（若之前未提供）。
- 附录18：讲义SB2——妊娠表。

地点：教室等安静的室内环境。

用时：两场学习活动，第1场活动用时30分钟，第2场活动用时60分钟，根据农民田间学校学习活动的频次，这两场活动可间隔1～2周，具体根据农民田间学校学习活动频次而定。

步骤：

（1）阅读讲义，提前了解育种计划的内容。

（2）在全体学员学习会上，询问学员其绵羊正常的繁殖和产羔季节（尽量精确到具体月份或第几周）。从绵羊配种到产羔的阶段通常在什么时候？母羊妊娠期是多久？将所有答案写在展板上，并讨论这些答案的异同。

（3）讨论学员给出的答案，然后询问学员最理想的产羔季节。绵羊在哪些月份最容易自然受孕？接着提问：哪个时间段内的饲料质量最好，而且最容易供应？启发学员尽可能地寻找产羔最佳时间段。

（4）介绍讲义给出的信息和数据：母羊发情期（17天），理想的配种时间（34天或2个发情周期），母羊允许公羊爬跨的时间（20～30小时），妊娠期（146～148天，或"五减五"即5个月减去5天）。

（5）给学员发放关于绵羊育种的讲义（若之前尚未发放）和带有育种日

历的讲义。

（6）让学员在家阅读讲义和其他有关育种的信息。让学员制订自己的养羊场羊群育种计划。如果有学员觉得他们的育种计划相似，那么可以将这些学员分为同一个小分组，共同制订计划。育种计划应包含以下信息：

- 绵羊育种目标。
- 绵羊计划配种时间。
- 产羔计划时间。
- 与育种目标相关的具体饲养计划。

下一次农民田间学校学习活动（60分钟）

（1）在下一次农民田间学校学习活动中，让学员分享自己制订的绵羊育种计划。

（2）学员分享之后，讨论他们制订的绵羊育种计划的异同点。

3.6.3　活动SB3：实践学习活动——去势

目标：

- 讨论公羊去势的重要性。
- 展示公羊去势操作过程。
- 让学员练习公羊去势。

教学材料：

- 几只待去势的公羔羊。
- 供学员做记录的纸和笔。
- 供辅导员教学用的白板/黑板和展板。
- 计时器。
- 无血去势钳、弹力去势器、橡皮圈、消毒剂等去势材料。
- 附录19：讲义SB3——去势（阉割）。

地点：有若干待去势公羊的养羊场。

用时：60分钟。

备注：

- 建议邀请有去势经验的专业人士提供协助。

- 安排学员一起观看在线视频，请点击查看此链接视频，了解如何使用弹力去势器给羔羊去势（时长：133秒）https://www.youtube.com/watch?v=SGgA4jauSFg&list=PLZmB5mklVHSd8lNlrFLY3qL4QsqpFpnjq。

步骤：

（1）开展此学习活动前，查看是否有需要去势的公羊。如果有，那么此学习活动就可以包括实际操作展示。此外，最好给学员创造练习给公羊去势的机会。

（2）准备去势钳、弹力去势器、橡胶圈和其他需要的去势设备及材料。

（3）在全体学员学习会上，引导大家讨论去势的作用，询问学员给公羊去势的原因有哪些。

（4）询问学员给公羊去势的方法有哪些。

（5）听取他们各自的回答后，与学员分享讲义上提供的补充信息。若有机会，给学员播放相关去势视频。

（6）介绍并演示各种去势技术，并让学员自己练习。应注意的是，去势之后应进行适当的消毒。

（7）引导学员讨论各种去势技术的优点和缺点，其中应考虑成本因素。

（8）分发讲义。

3.6.4　活动SB4：实操学习活动——产羔

目标：

- 了解与产羔有关的各方面知识。
- 展示和实践产羔过程。
- 了解辅助产羔的各方面知识。

教学材料：

- 供学员做记录的纸和笔。
- 供辅导员教学用的白板/黑板和展板。
- 计时器。
- 附录20：讲义SB4——产羔。

地点：若有可能，选择有待产母羊的养羊场，尽量不要在教室上课。

用时：60分钟。

备注：

该实践性学习活动最好在母羊产羔的季节开展。如果无法做到这一点，那就只能组织教室学习活动，我们建议邀请1名有辅助产羔经验的专业人士提供相关帮助。

如果有机会可与学员一起观看在线视频，请点击查看以下链接视频，视频包括：

- 母羊难产：使用助产绳或引导头部：https://www.youtube.com/watch?v=JU7Tvv7823o（2小时30分钟）。

- 产羔高级技巧：https://www.youtube.com/watch?v=LLrRCq7j-CY（1分钟）。
- 羔羊基本护理：https://www.youtube.com/watch?v=YE1go72tGDM&list=PLZmB5mklVHSd8lNlrFLY3qL4QsqpFpnjq（2小时38分钟）。

步骤：

（1）开展此教学活动前，核查是否有待产的母羊。虽然很难恰好找到待产的母羊，但最理想的情况是，在母羊产羔期间开展农民田间学校学习活动，因为学员此时正好可以观察产羔征兆，还可以实践助产活动。我们强烈建议寻找一名有这方面经验的专业人士协助教学。

（2）如果无法开展实践性学习活动，那就只在教室内进行此教学活动。

（3）在全体学员学习会上，讨论产羔过程，并在展板上记录学员的答案。问：母羊产羔前会有什么征兆？不同母羊在产羔前会有不同征兆吗？母羊产羔困难时应该怎么办？

（4）将学员分成若干4～5人的小分组。让各小分组描述一般的产羔过程，以及他们的助产经验。他们遇到什么样的羊胎位异常？他们是如何帮助母羊产下羔羊的？

（5）可以让各小分组分享自己的讨论结果。

（6）结合讲义提供的信息，讨论产羔方面的所有问题。询问学员希望让母羊在户外还是在羊圈内产羔。

（7）分发讲义。

3.7　动物卫生

3.7.1　活动AH1：专题讨论

目标：

- 让学员通过讨论熟悉养羊卫生和疫病问题。
- 向学员介绍一些农民田间学校绵羊卫生课中接下来将要详细讨论的问题。

教学材料：

- 供学员做记录的纸和笔。
- 供辅导员教学用的白板/黑板和展板。
- 计时器。
- 适时发放讲义。

地点：教室等安静的室内环境。

备注：可向学员介绍其他专题内容，但应确保总学习活动时间不超过2小时。

可邀请一名动物卫生专家向学员介绍更多技术信息。确保专家的讲课内容紧贴教学主题，符合农民田间学校课程风格，且专家讲课时间不超过1小时。邀请专家讲课时，应注意确保农民田间学校学员全程参与学习。

讨论AH1-1：羊病概况（60分钟）

附录21：讲义AH1——常见羊病概述

（1）阅读讲义，提前了解当地动物疫病情况和农事历。

（2）（15分钟）将学员分成若干4～5人的小分组让各小分组列出他们知道的各种动物疫病，并描述这些疫病的病症。让小分组学员讨论这些具体的疫病在哪些月份易于暴发。

（3）各小分组可以汇报自己的讨论结果，并在展板上贴出疫病总结材料。

（4）从第5章中选一种排序方法，让学员按照致死率（即多少动物死亡）和发病率来对这些疫病排序（按照不同参数分别排序）。

（5）讨论疫病排序的结果。

（6）针对排序前5名的动物疫病（按照不同参数分别排序），简短讨论这些疫病的诊治和防控措施。注意控制本教学活动的时长。

（7）让各小分组制作农事历，农事历中应反映不同动物疫病（见第5.4.1节）。

（8）各小分组展示自己的农事历。

（9）引导学员讨论近期疫病疫情是否发生了变化，他们是否认为近期的疫病疫情与气候变化有关（见第3.2.4节）？

（10）分发讲义。

讨论AH1-2：疫病防控（60分钟）

附录21：讲义AH1——常见羊病概述

（1）阅读讲义，提前了解当地动物疫病情况、强制免疫接种、农事历、疫病防控以及下述技术信息。

（2）（15分钟）将学员分成若干4～5人的小分组。结合上次活动列出的动物疫病，让各小分组列出各种疫病暴发的原因和防控措施，并说明疫病是否可防、可控、可治愈。

（3）让学员讨论哪些疫苗属于强制接种，在购买新羊之前，需要哪些疫苗接种证明？

（4）各小分组可以汇报自己的讨论结果，并在展板上予以展示。

（5）结合讲义提供的信息，检查学员是否讨论了病毒、病菌、体内寄生虫和体外寄生虫，并适时补充信息。核查学员是否讨论了诊治、免疫、隔离、牧羊策略及其他疫病防控措施。让学员讨论这些疫病防控措施是否经济划算、是否切实可行、是否易于操作。

（6）分发讲义。

技术信息：购买新羊可能会将疫病引入羊群。为减少新疫病侵袭的风险，任何新进羊或与其他养羊场接触的羊都应隔离一段时间，我们将这段时间称为隔离期，一般需要2～3周。隔离期也是给绵羊驱虫的绝佳时间。在隔离期间，应密切关注被隔离羊的行为，看是否有任何染疫信号或征兆。如果绵羊在隔离期间健康状况良好，且没有发现任何可疑问题，那么就可以解除隔离。

向学员介绍第4.3.6节实验AH-E2：比较免疫接种效果，然后结合讲义提供的信息，与他们一起研究如何开展本实验，与学员讨论何时开展实验。做好相关实验准备后，将本实验纳入教学计划。

3.7.2　活动AH2：实操学习活动——灌药

目标：向学员演示正确的灌药方式。

教学材料：

- 供学员做记录的纸和笔。
- 供辅导员教学用的白板/黑板和展板。
- 计时器。
- 几只待驱虫的羊。
- 灌药枪或其他驱虫设备、磅秤。为了让学员有机会实践，多提供一些灌药枪。
- 附录22：讲义AH2——体内寄生虫。

地点：有待驱虫的绵羊的养羊场。

用时：60分钟。

备注：

- 你如果有机会可与学员一起观看在线视频（时长：3分钟30秒），请点击查看以下链接，该视频详细介绍了如何使用灌药枪：https://www.youtube.com/watch?v=inE8aWA8rR4&list=PLZmB5mklVHSd8lNlrFLY3qL4QsqpFpnjq。

- 我们只能给需要驱虫的绵羊灌药。灌药前，应确保绵羊体重准确无误，因为需要根据绵羊体重用药，过量或剂量不足都会导致因驱虫药使用不准确而出现问题。

步骤：

（1）做好教学活动准备工作，阅读技术信息并提前到养羊场挑选待驱虫的绵羊，确保所有的教学材料已经准备齐全；若可能，观看相关视频。

（2）让学员在靠近羊群的安静地点集合。

（3）回顾之前关于体内寄生虫的讨论（见3.7.1节），让学员简要总结讨论内容。

（4）对照讲义内容，向学员介绍智能灌药法。

（5）如果条件允许，为学员播放相关视频。

（6）详细介绍并展示灌药的每一个步骤。

①确保只给需要驱虫的绵羊灌药。

②灌药前要逐只羊称重。如果需要驱虫的绵羊很多，你可以只给最重的那只羊称重，然后按此剂量给所有绵羊驱虫。

③与学员一起计算恰当的驱虫药剂量。

④把驱虫药灌入绵羊的喉咙后部。你可以使用灌药头或灌药器完成此工作。

⑤如果可能，向学员展示如何使用其他灌药设备。

（7）尽可能争取让更多学员练习并掌握灌药方法。

（8）让学员就灌药和灌药体会进行简短的讨论。

（9）分发讲义。

向学员介绍4.3.5节实验AH-E1：灌药，然后结合讲义提供的信息，与他们一起研究如何开展本实验，与学员讨论何时开展实验。做好相关实验准备后，将本实验纳入教学计划。

3.7.3 活动AH3：实操学习活动——贫血症检测方法

目标：

- 让学员熟悉贫血症检测方法。
- 让学员使用贫血症检测评估系统评估羊是否患有贫血症。

- 让学员能够根据贫血症检测评估结果，决定驱虫策略。

教学材料：

- 供学员做记录的纸和笔。
- 供辅导员教学用的白板/黑板和展板。
- 计时器。
- 贫血症检测卡和指南。
- 你如果有机会，可与学员一起观看优酷上的视频，这些视频介绍了教学背景信息：https://www.youtube.com/watch?v=RL3SBR1qIX0（时长：7小时），或https://www.youtube.com/watch?v=BAdeVez5yyc（时长：4小时50分钟）。
- 附录23：讲义AH3——贫血症检测方法。

地点：有羊群的养羊场（最好有患贫血症的羊）。

用时：60分钟。

备注：

如果能够邀请体内寄生虫防控方面的专家协助，本实操活动效果会更好。使用贫血症检测方法时，一定要按照贫血症检测指导（见参考文献）和官方贫血症检测卡要求进行。

鉴于贫血症检测评分是基于颜色而来，你不要尝试使用彩色打印机自己打印贫血症检测卡，也不要使用智能手机评分。

步骤：

（1）开展此学习活动前，检查是否有羊患有不同程度的贫血症；若有，请在贫血症检测评分上显示这种差异。

（2）根据讲义要求，向学员简要介绍贫血症检测方法和目标。

（3）若有可能，与学员一起观看相关视频。

（4）将学员分成若干4～5人的小分组，向各小分组发放一张贫血症检测卡。

（5）让各小分组给绵羊评分，不同羊的贫血程度最好各不相同。若学员有需要，给予相应辅导。

（6）在全体学员学习会上，让各小分组汇报自己的评估结果。

（7）针对贫血症检测方法进行讨论，如贫血症检测方法是否易于操作？贫血症检测评估结果有哪些？需要对哪些绵羊进行诊治？

（8）结合讲义给出的信息，从各个方面讨论贫血症检测方法。

（9）分发讲义。

3.8　销售和商业技能

3.8.1　活动MB1：掌握市场动态

目标：

- 向养羊户介绍绵羊的市场销售。
- 为养羊户设计销售策略。
- 加深农民田间学校学员对养羊销售的理解。

教学材料：

- 供学员做记录的纸和笔。
- 供辅导员教学用的白板/黑板和展板。
- 计时器。
- 附录24：讲义MB1——销售。

地点：教室等安静的室内环境。

用时：30分钟。

步骤：

（1）阅读讲义，做好备课。

（2）分发讲义。

（3）根据讲义内容，简要介绍养羊销售策略和目标。

（4）将学员分成若干4～5人的小分组，给各小分组指派一个主要生产目标，如一个小分组主要负责羔羊屠宰，一个小分组负责产毛，一个小分组负责产奶，最后一个小分组负责绵羊育种。让学员以自己家养羊场为例，设定与之相似的生产目标，让各小分组为养羊场设计销售方案。例如，对于羔羊销售，应考虑羊龄、体重、销售月份、买家、预估价格等。除了考虑现行市场机制，让学员写下自己能想到的改善销售情况的计划，如组团销售羔羊。

（5）各小分组在全体学员学习会上介绍自己的销售计划。

（6）让小分组成员对其他小分组的汇报提出自己的看法，还有哪些可改善的地方，是不是还有价格更高的销售渠道，销售计划里是不是考虑到了所有成本，是不是已经考虑到了所有因素。

（7）结合讲义提供的信息，讨论绵羊销售各方面的问题。

3.8.2　活动MB2：成本－效益分析

很多养羊户都没有记录自己具体支出的习惯。因此，他们不清楚自己支出和收入之间的关系，可能也就不知道自己从养羊中获取了多少微薄的收益。有些情况下，他们甚至还亏钱。鉴于这些原因，养羊户很有必要系统地记录自己所有的收入和支出情况。这些记录是进行成本－收益分析的基础。

目标：

- 让学员理解保持记录的重要性。
- 鼓励学员通过成本－收益分析法来评估自己的养羊前景。

教学材料：

- 附录25：讲义MB2——养羊是一门生意。
- 其他养羊场的成本、收入和利润计算示例。
- 展板、白板/黑板。
- 展板架。
- 马克笔。
- 计算器。

地点： 教室等安静的室内环境。

用时： 1小时。

备注： 询问学员是否愿意把自己养羊场的财务资料带到学习活动中进行分析。

步骤：

（1）分发讲义。

（2）活动开始，询问学员他们在过去的6个月里，从绵羊生产中获得了多少利润。可以将学员估测的利润写在展板上。

（3）让学员讨论养羊户如何计算自己的利润。他们用什么方式来计算自己获得的利润。

（4）将学员分成若干4～5人的小分组，让各小分组成员写下在过去的6个月里，他们在绵羊生产中支出了多少钱。也可让某小分组成员自愿写出在绵羊生产中支出了多少钱。确保把家庭劳力支出计入工资中。把同一时间因绵羊生产而得的所有收入也记录下来。把所有支出从总收入中减掉后，剩下的就是净收入。

（5）引导学员讨论绵羊生产中最重要的收入来源是什么。记录应保存多长时间，养羊户如何提高自己的收入，有哪些支出可以减少。这次教学活动也是讨论性别问题的最好时机：让学员讨论男人和女人与买家讨价还价时，是否会获得一样的议价效果，如何改善这种情况。

（6）让所有学员记录自己参加农民田间学校学习活动期间至少6个月的所有养羊收入来源和成本支出。每月让1名学员在全体学员学习会上汇报自己的分析结果。可以在以后的农民田间学校学习活动中继续让学员汇报自己的分析结果。

（7）介绍其他专题。

3.9 其他专题

农民田间学校养羊培训项目中可以涉及很多专题，但大部分需要靠养羊户提出，因为他们在绵羊生产中可能遇到了这些问题，他们的知识面、经验以及学习兴趣决定了将哪些专题继续纳入培训项目。

下文列出了可纳入农民田间学校教学活动的其他专题。你如果对其中的一些专题感兴趣，可以邀请专家在学习活动中进行相关讨论。参考文献中总结的一些资料详细介绍了这些补充信息：

（1）正确的剪羊毛技术，见视频 https://www.youtube.com/watch?v=PpUTa1fyZt8。

（2）修建羊圈。

（3）修蹄。

（4）优饲（配种前和配种时提供更多/更好的饲料）。

（5）利用当地饲料原料生产全价饲料。

（6）杂交。

（7）同期发情。

（8）人工授精。

（9）羔羊管理。

（10）断奶。

（11）体外寄生虫。

（12）肝吸虫周期。

（13）肉和奶加工。

（14）屠宰。

（15）肉品质量。

（16）商业计划。

（17）养羊业财务管理。

（18）羊群结构（性别/年龄）。

（19）营养。

（20）世界动物卫生组织同一个健康理念。

（21）抗生素耐药性等。

第4章

农民田间学校对比实验

4.1 简介

农民田间学校通过实验来测试和调整技术、推动创新，以解决当地养羊业面临的问题，对于绵羊养殖农民田间学校来说，养羊户能够通过这些实验学习到相关知识，帮助他们验证和采用新的养羊措施。这些实验旨在提高绵羊生产的可持续发展，并提高绵羊生产力。此外，这些实验能让农民田间学校学员观察和分析制约绵羊生产的主要因素，剖析和评估原因及影响。因为这些实验把新的措施/办法与现行的/其他创新性措施/办法进行对比，因此一般被称作对比性实验。

农民田间学校学员是开展这些对比性实验的主要参与者。农民田间学校辅导员和其他研究人员在实验中发挥辅助作用。农民田间学校学员应该明确实验的目的，辅导员应该鼓励他们掌握这些活动的主导权。开展这些实验的前提是养羊户发现真正的问题。农民田间学校学员还应参与整个实验的设计过程。

本章列举了一些示范性实验。根据农民田间学校学员的兴趣和遇到的问题，我们还可以添加很多主题实验。下面列出实验的一般性设计原则，这可以根据农民田间学校需求和当地实际情况，设计不同专题的实验。

由于绵羊具有更高的经济价值以及更大的生产损失风险，因此牲畜类的实验比农作物类的实验风险更高。农民田间学校在设计养羊实验时，应该谨慎从事，不要违反动物伦理道德，并密切监测绵羊卫生风险。非常重要的一点是必须确保所有涉及羊的实验都接受兽医或当地牲畜专家的监督。农民田间学校实验的主要目标是提供学习的过程，而不是开展研究性实验。

4.2 设计实验的一般性步骤

农民田间学校实验应侧重于使用不同于当地知识和技能的新技术。请按照下面的步骤，尽可能更好地设计实验：

步骤1：对问题排序

设计实验最主要的问题是要清楚地了解实验主题，这应在实施农民田间学校教学的早期阶段确定好。对比性实验是比较新技术和当前技术的绝好做法。农民田间学校要与学员一起设计这些实验。

步骤2：实验原则

应让农民田间学校所有成员都了解实验原则，应确保学员准备好养羊实验所需的所有必要工具。

步骤3：规划和设计实验

如之前所述，应避免养羊实验中可能出现的风险。可以按照以下步骤，与学员一起设计实验：

（1）按照之前发现的问题，确定实验的主要目标。

（2）按照实验的主要目标，列出实验的不同处理（事先设计好的实施在试验单位上的具体项目称为实验处理，简称"处理"），例如，对比当地做法和创新性做法。

（3）至关重要的一点是，一个实验最多涉及4个处理，且只能侧重一个，那就是实验的主题。如果实验的处理太多或主题太多，那么本实验就会太复杂，太具挑战性，且不容易分析。

（4）此外，应确保不同处理之间显著不同，这样才能在实验结束时观察到明显的不同点。对于每个处理而言，应确保只有实验主题是不同的，但是其他方面可保持相同。重复每个处理可以让最终实验结果更加有效，但是不得重复3次以上。

（5）在使用绵羊或实验场地的问题上，应随机分配处理。可以将不同处理方法分别写在便条上，随后将便条装入袋子中，然后从袋子中逐一抽出便条，应确保随机抽取。便条抽取顺序就是实验中处理的次序。

（6）应注意控制实验时长，越短越好。一旦能够证明两种方式不同，且学员信服实验结果，就可以停止实验。这样就可以接着实施其他实验，因为我们要在农民田间学校学习活动中安排尽量多的实验。我们建议农民田间学校持续一个绵羊生产周期（例如，从羔羊到羔羊）。如果有些实验涉及育种，那可能还要延长农民田间学校周期。很多实验都可在更短时间内完成。

我们可以使用阶梯式或单因素农民田间学校实验。当使用单因素实验时，应考虑不同的解决方法，如不同类型的饲料或不同的牧羊管理方式。设置对照组，然后与实验组的这些解决措施进行效果比较。

我们还可以设计阶梯式实验。在此情况下，可以逐步加入不同处理，如在饲料生产实验中施用各种肥料。

在下面的示例（表3），对照组不可与第2个处理组对比，但对照组可与第1个处理组对比，且两个对照组可相互对比。

表3　补充饲料：阶梯式实验示例

对照组	处理组1	处理组2
第1组羊群与正常管理的养羊户羊群在一起	第2组羊群与正常管理的养羊户羊群在一起 晚上饲喂当地产的补充饲料	第3组羊群与正常管理的养羊户羊群在一起 (1) 晚上饲喂当地产的补充饲料 (2) 晚上饲喂商业补充饲料
所有组的管理方式一样，如放牧、羊圈、处理等方面		

资料来源：联合国粮食及农业组织，2021。

农民田间学校当前的实验做法既可与过去的经验对比，也可与其他非农民田间学校学员实施的实验对比。例如，所有农民田间学校在册学员的羊群都接种了特定疾病的疫苗。在农民田间学校学习活动的讨论中，这种处理既可让农民田间学校学员之间对比，也可与附近未免疫接种的养羊户的羊群对比。

还有一种类型为"走走停停"实验。在这种实验中，把一种处理实施一段时间后，就停下来，然后再重新启动。这种重复的实验可以让不同处理间进行对比。当处理结束时，对不同阶段的农业生态系统进行观察和对比。

步骤4：评估和保存记录

实验时，保存性能记录非常重要。例如，农业生态系统分析学习活动中，应持续观察任何变化，这样可以对实验效果进行评估。对实验进行系统评估有助于学员加深学习，还能让他们做出更好的决策。农民田间学校学员按照之前共同确定的指标，负责保存实验记录。

步骤5：实施和组织实验

农民田间学校设计好实验且让所有学员都了解实验目标后，可商定实验持续时间。商定实验持续时间后，应制定实验预算。应将所有实验材料和投入都计入成本核算中。农民田间学校全体学员决定每名学员扮演什么角色、承担什么责任。应确保所有小组学员都有任务，小组实验工作不能被某些组员控制。小组学员都应进行实验记录和评估。如果实验包含几个处理，可将学员分成几个小分组，每个小分组负责一个处理。各小分组都应在全体学员学习会上汇报自己的发现。

步骤6：分析实验结果和前景

分析实验数据是一项特别重要的工作。辅导员应该引导学员进行认真讨论，确保他们能够正确地分析所有数据，从而便于养羊户采用新技术。根据之前商定的指标，小分组学员对比不同处理的实验结果。此外，开展成本-收益分析也很重要，对养羊户来说，特殊技术可能因过于昂贵而无法使用。小分组学员可使用参与式监测和评估方法对实验进行评估。可以让学员介绍对实验结果的理解和看法。结合这些理解和看法，我们可以询问学员是否愿意采用新方法。如果学员表示不愿意采用新方法或改变自己的养羊管理方式，那么可以让他们写出不愿意的理由。学员在小分组活动中讨论这些结果，从而找出学员不愿意采用新方法的原因，并解决这些问题。可广泛分享实验结果，这样其他养羊户也能从中受益。

4.3　实验示例

4.3.1　实验FW-E1：饲喂精料补充料

简介："走走停停"实验中，应评估是否需要补充饲料。当牧场的牧草出现质量问题时，我们给高产羊饲喂补充饲料，以维持绵羊生产。

目标：演示补充饲料对绵羊生产的影响。

统一条件：只需要一组羊群。

重复次数：2～3次。

用时：2个月。

教学材料：
- 生长期羔羊。
- 磅秤或天平。
- 高品质补充饲料（本地生产或商业补充饲料）。

保存记录：实验开始前2周，应测量羔羊体重和生长率。在实验开始后的前2周，给羔羊饲喂精料补充料后，测量羔羊体重。2周过后，停止饲喂精料补充料，同时记录羔羊体量。然后在接下来的2周继续给羔羊饲喂精料补充料，并称重。至此，得出实验结果，我们可以用图表形式展示羔羊的生长状况。同样重要的是，应计算精料补充料成本，并比较羔羊增重和成本投入之间的关系。可在农民田间学校全体学员学习会上讨论实验结果。

建议："走走停停"实验可以评估补充饲料（精料补充料）的价值。羔羊在增重的同时，也改善了身体状况，提高了抗病能力。

4.3.2　实验FW-E2：矿物质和维生素

简介：欲让羊群保持正常的生产力、健康和功能，就必须让它们摄入一系列矿物质和维生素。养羊户可以从当地购买盐和其他矿物质。养羊户如果对此有所了解，则对养羊非常有帮助。当地可以供应盐水、带盐的饲料，有些牧场的土壤里也富含矿物质。但是，矿物质和维生素种类繁多，当地并非应有尽有。下述对比实验的主题是给羊补充矿物质和维生素。

第3.4.1节的讨论活动已经介绍了本实验。本实验让学员决定给绵羊补充哪些矿物质和维生素，以及给哪类羊补充矿物质和维生素。假设学员已经充分了解给羊补充矿物质和维生素的益处。在此情况下，我们还可以同时对比两种补充饲料的区别，如我们使用3组羊，其中1组为对照组，用于进行对比。

目标：探究补充矿物质和维生素对羊的健康及体重产生什么影响。

统一条件：2～3组绵羊。

时长：4个阶段，每阶段持续4周（共4个月）。

教学材料：

- 若干生长期羔羊。
- 矿物质和维生素补充剂。
- 测量容器。
- 磅秤或绑带。

步骤：

（1）选择实验羊群，例如，选出1组生产期羔羊，其中应包括一些看起来不是非常健康的羔羊。

（2）养羊户完全按照同样管理的方式饲养这些羊，对所有实验用羊一视同仁。对所有羊每4周称重1次。在农业生态系统分析学习活动上对这些羊进行观察，记录羊群情况和总体健康状况。

（3）此时将羊群随机分成两组。应确保这两组羊容易区分。第1组继续按照之前的管理模式进行饲养。第2组则每天至少补充2小时的矿物质和维生素。农民田间学校学员继续对这2组羊进行称重，观察它们卫生和身体状况。这一阶段也持续4周。

（4）这4周过去之后，接下来的4周不再给这2组羊补充矿物质和维生素。这意味着，第2组羊在接下来的4周内不再补充矿物质和维生素，第1组羊则继续维持之前的饲养模式。继续对羊进行观察并记录观察结果。

（5）我们再延长4周继续维持上一步骤中的饲养方式。

（6）如果两组羊在某个点因处理不同而表现出了差异，而且学员也觉得可以停止实验，那么我们就可以停止本实验，继而启动其他实验。

实验结束后，应对实验结果进行分析。辅导员可以让学员找出两组羊的不同点，询问学员：补充矿物质和维生素后，第2组羊是否出现了任何积极变化？这些积极变化获得的收益是否超过了成本投入？这些积极变化获得的收益是否超过了时间和劳动投入？哪些学员愿意给自己的羊群饲喂矿物质和维生素？这个实验会让学员在养羊实践中做出哪些改变？

如果当地专家了解这方面的知识，你可以邀请他在农民田间学校课程中做一次专题辅导会。专家可在辅导会上介绍不同矿物质和维生素的质量品性，介绍时最好辅以实验结果。此外，专家还可解释哪些地域缺乏哪些矿物质。

4.3.3　实验PG-E1：电子围栏－轮牧

简介：本实验展示了电子围栏和轮牧的作用。本实验中，应借助学员对实验主题的了解，如羊群能够在某个小围场牧地停留多久？你可以通过本实验进行条牧或轮牧。在实施本实验前，你一定要提前访问养羊场，并就使用哪块围场牧地、哪些羊群以及在哪段时间开展实验等问题上与学员达成一致。

开展本实验之前，应进行精心设计，因为实验能否顺利进行取决于电子围栏尺寸、羊群数量及能否找到合适的围场牧地。应灵活决定绵羊数量和实验时长，这样才能确保实验达到预期效果。

目标：
- 演示电子围栏的正确使用方法。
- 演示太阳能围栏的正确使用方法（若有）。
- 演示轮牧策略的效果。

教学材料：
- 几组羊。
- 两块同等的围场牧地，面积足够大，可以做实验，有一定数量的绵羊，最好靠近农民田间学校教学活动场所。
- 电子围栏系统，最好是太阳能供电。
- 附录12：讲义PG1——放牧策略。
- 附录13：讲义PG2——电子围栏。
- 用于监测羊体重的称重设备。
- 电压表。

用时：4个阶段，每个阶段2周（共8周）。
步骤：
（1）与学员充分沟通后，选出2组绵羊和2块围场牧地。
（2）结合讲义介绍的信息，为农民田间学校学员学习活动留出充足的时间，展示如何使用电子围栏，明确训练羊群的重要性。

（3）结合讲义介绍的信息，为农民田间学校学员学习活动留出充足的时间，解释不同的放牧策略。

（4）与学员一起讨论后，确定多大规模的围场牧地才符合实验要求，让羊群在里面待6周。为了达到这一目的，可以使用第3.5.1节的计算方法来加以佐证。

（5）其中一块围场牧地持续使用8周。

（6）另一块围场牧地（面积相等）平均分为4部分，其中一部分使用电子围栏，我们将其中一组羊群在此放牧2周。

（7）农民田间学校每2周召开1次学习活动会。对牧草和羊群进行农业生态系统分析，并对绵羊进行称重（两处地点的羊都称重）。通过使用电子围栏，将实验中轮牧的羊群转移到另一块围场牧地。

（8）如果实验在某个点已经清晰地展现出不同点，且学员/养羊户也觉得可以停止实验，那么我们就可以停止本实验，继而启动其他实验。

实验结束后，根据农业生态系统分析记录和观察，对实验结果进行分析。询问学员：我们能否通过使用轮牧策略而获益？为本实验付出的劳动和成本是否值得？哪些养羊户会采用此措施？他们会以某种方式实施这种措施吗？

如果当地专家了解这方面的知识，可以邀请他/她在农民田间学校课程中做一次专题辅导会。专家可以在辅导会上介绍不同的放牧策略，并大体介绍阿塞拜疆国内的电子围栏类型以及如何使用这些电子围栏。

4.3.4 实验PG-E2：饲料生产

简介：饲料，尤其牧草，是绵羊生产的关键性投入因素。但是也要注意到，绵羊生产中可以使用很多不同类型的牧草。

目标：评估各类牧草。

处理：3种不同类型的牧草。

统一条件：本实验要使用一些土壤和条件相同的围场牧地。每块围场牧地面积必须相等。例如，可使用尺寸为10米×10米的牧地。如果施用粪肥或化肥，应确保对每块围场牧地同等施肥。对围场牧地的其他管理措施也应该完全一样。应确保随机处理每块围场牧地。

重复次数：每种牧草重复使用2次。

实验材料：3种不同类型的牧草；可给所有围场牧地同等施用化肥或粪肥。此外，还需要卷尺、供学员做实验的养羊场、劳动力和磅秤。

　　保存记录：在农业生态系统分析学习活动中，应做好观察记录，记录生长率、产量、生产成本以及所有牧草的基本信息（包括颜色、草叶尺寸等）。

4.3.5　实验AH-E1：灌药

　　简介：养羊户基本上都知道蠕虫等体内寄生虫会影响自己羊群的体况和生产性能。寄生虫感染会严重影响绵羊生产性能，给养羊户收入带来巨大影响。感染寄生虫的羊肉一般也不适合销售或消费。本实验比较了体内寄生虫的不同防控方法。

　　目标：

- 比较不同的体内寄生虫防控方法。
- 演示如何正确使用驱虫药。
- 演示驱虫药效果。

　　教学材料：

- 3组羊群。
- 灌药枪。
- 不同类型的驱虫药（例如，商用驱虫药和驱虫偏方）。
- 笔记本和笔。
- 称重设备。
- 参考第3.7.1节。
- 附录22：讲义 AH2——体内寄生虫。

　　用时：坚持每周观察，持续3～4个月。

　　步骤：

　　（1）在第3.7.1节的学习活动对本实验进行了讨论。

　　（2）结合之前收集到的信息，确定将要列入实验的羊群类型（如生长期羔羊）。此外，确定在一年的哪段时间开展本实验最合适，并探究哪种类型的体内寄生虫是绵羊生产的主要制约因素。一旦确定了这些因素，选出具体的驱虫药。

　　（3）为农业生态系统分析学习活动设计实验指标，并记录每种处理的成本。

　　（4）在农民田间学校全体学员学习会上，引导学员讨论他们驱除体内寄生虫的经验和遇到的问题，以及他们如何使用不同的驱虫药。学员是否使用了不同的驱虫药？他们用不同驱虫药的原因是什么？

　　（5）在农民田间学校学习活动上，可以邀请动物卫生专家给出专业建议。下面的实验比较了使用商业驱虫药和驱虫偏方驱虫的效果（表4）。

　　（6）关于驱虫药剂量和使用频次等问题，应征询专家意见，然后再对羊

群进行相应治疗。减少体内寄生虫影响的方法有很多，如清理羊圈、轮牧等，这些方法适用于所有羊群。

（7）根据养羊户的具体需求，由农民田间学校团队设计本实验。应确保各组羊群在条件、品种和年龄等方面尽量相似。随机给羊群分组。本实验时长最少应控制在4个月左右，如旱季为8周，雨季为8周。

（8）确定在农业生态系统分析学习会上使用的指标。实验中，应给绵羊称重，还应使用很多其他指标，如观察排泄物、卫生状况、体况等。

（9）每周记录每只羊的体重和农业生态系统分析指标。

（10）在全体学员学习会上，探讨驱虫方法是否有成本效益。引导学员讨论如何使用驱虫剂。

表4 驱虫单一处理试验

对照组	处理组1	处理组2
第1组：没有驱虫	第2组：驱虫偏方处理	第3组：商业驱虫处理
其他管理方式，如饲养、放牧、羊圈、处理等保持不变。对照组未被处理的羊也可以不是农民田间学校学员的羊		

资料来源：联合国粮食及农业组织，2021。

（11）实验结束后，组织召开农民田间学校学习会，分析总体结果。各组有哪些区别？哪组的结果最好？每只羊的驱虫成本是多少？与商业驱虫药相比，驱虫偏方的效果怎么样？比较不同的驱虫处理法，哪种方法成本效益最高？养羊户还会选用哪种驱虫处理法？

4.3.6 实验AH-E2：比较免疫接种效果

简介：该免疫接种实验使用参与式方法比较了不同免疫接种方法。农民田间学校所有实验羊群都应接受专门的疫苗接种，如与兽医部门密切协商后，针对某种具体疫病接种疫苗。其他养羊户小组也可加入实施免疫接种计划。

可邀请当地兽医给出专业建议。

目标：了解免疫接种的好处。
统一条件：所有农民田间学校实验羊群都接受免疫接种。

农民田间学校每名学员都应记录观察到的任何疫病症状和诊治费用。

随机性：在农民田间学校学习活动中，可随机访问一些养羊户，并对养羊户的羊群开展农业生态系统分析。鼓励所有学员开展农业生态系统分析。

教学材料：疫苗、绵羊、接种记录。

观察和保存记录：

- 农民田间学校实验羊群的农业生态系统分析记录。
- 所有农民田间学校学员报告疫病疫情的情况。

第 5 章

参与式工具

5.1 简介

参与式工具是农民田间学校教学的关键要素之一。农民田间学校注重养羊户的具体需求，着眼于他们的认知水平和能力，组织开展相关教学活动。本章列出了学员参与学习的原则，并详细介绍了具体的参与式工具和方法。这些工具和方法加深了养羊户的交流，提高了他们的理解能力，经常用于农民田间学校学校的监测和评估工作。使用参与式工具，应遵循以下原则：

（1）鼓励不同观点。世界上没有相同之人，但每个人的观点都很重要。我们应引导学员考虑改变现状，让学员一起分析结果，并营造讨论的机会。这种分析和讨论会增强了学员改变现实的能力。

（2）考虑具体环境。所有绵羊生产系统都不一样，任何方法都应结合当地具体环境。

（3）专家扮演辅导员的角色。辅导员应协助学员开展实验，并帮助他们做出决策。

5.2 增强学员学习动力的活动

5.2.1 简介

增强学员学习动力的活动旨在营造轻松的环境，这样反过来会促进他们学习、提升领导力、提高解决问题和交流的能力。增强学员学习动力的活动可以起破冰作用，增强学员参与学习活动积极性。这些活动都易于记忆，可以促进知识的积累。下面介绍开展这些活动应注意的重要问题：

- 选择合适的时间进行这些活动，例如，当学员疲惫或起冲突时。
- 尽量缩短活动时间。
- 提前认真准备活动。

- 确保清晰的活动目标。
- 确保所有学员都参与。
- 确保所有活动都符合当地文化习俗。
- 尽量确保活动多样化。

下面列举了一些增强学员学习动力的活动示例，很多书籍也介绍了更多的例子（见参考文献）。

5.2.2 拍手

简介：拍手是起源于肯尼亚的一种简短活动。

目标：鼓励学员或表达"欢迎"或"谢谢"。

用时：1～2分钟。

示例：

（1）赞美拍手。在地板上跺脚3次，快速拍手2次，伸开手臂。

（2）下雨式拍手。把手臂举过头顶，手指快速移动，就似要下雨一般。全体学员一起慢慢放下手臂，围成一个大圈。放下手臂后，再次拍手。

（3）农民田间学校式拍手。两次三快拍，然后一次响亮拍。

（4）激情拍手。像直升机一样旋转右臂。先慢慢开始，然后加快速度。一旦达到最高速度，发出响亮的拍手声。

5.2.3 说"羊"

简介：学员站起来，用身体写出羊（S-H-E-E-P），还可以拼写其他字。

目标：活跃学员气氛。

用时：5分钟。

5.2.4 水果和动物

简介：成功的活动能让所有学员都聚精会神。

用时：5～10分钟。

步骤：

（1）让所有学员站起来，围成一个圈。

（2）让学员拍手3次，然后说出一种水果的名称。

（3）所有学员再拍手3次，靠左的学员说一种动物的名称。

（4）所有学员再拍手3次，下一个人再说出一种水果的名称。

（5）就这样持续下去，轮流说出水果和动物的名称。

（6）当某学员说不出新水果或动物名称，或说出已经提及的水果或动物，或在应该说动物的时候说了水果（反之亦然），那他/她就应该坐下。

（7）站到最后的那个人取得胜利。

5.2.5 缠手问题

目标：让学员知道他们可以自己解决问题，而非必须得到外部的帮助。

用时：10 ～ 15分钟。

步骤：

（1）选出几名学员。根据整个学员组的规模决定选出的人数。被选出的这几人扮演"农民田间学校辅导员"，走出教室，然后让其他学员按照下面要求活动。

（2）让其他学员手拉手围成一个圈。

（3）学员们围成一个圈后，一直拉着手绕来绕去，最后打成一个结。

（4）打成一个结后，要求"辅导员"返回教室，在3分钟内解开结。这些"辅导员"应把手放在背后，只能通过口头令完成这个任务。

（5）那些打结的学员要认真按照"辅导员"口头指示，逐字执行。让他们不要简化解结难度，如果任务太简单，则"辅导员"不说话就能解开。

（6）大多数情况下，"辅导员"解不开，甚至还会让结越绕越复杂。

（7）重复进行这一活动，让所有学员都参加。最后要求打结的学员自己解开，这一般要快得多。

（8）让学员思考第1次解结和第2次解结的不同。为什么会不同？什么时候解结最成功，为什么？

5.3 口头方法

5.3.1 半结构式访谈

简介：参与式方法首要活动之一就是非正式交流和访谈。让学员掌握正确的访谈技能非常重要，这些技能会鼓励学员更乐意参与实践。应做好访谈计划，并为受访谈人选择方便的时间和舒适的场所。如果访谈地点靠近养羊场，那么访谈就可以结合观察方法进行。访谈技能包括以下方面：

目标：收集信息。

用时：1小时。

步骤：

（1）在访谈前，先列出重要问题访谈提纲，但是不要让访谈局限于事先设定的问题。这个提纲可以作为访谈的备忘录，它还可以让访谈灵活且充满弹性。养羊户也可以在自己感觉最舒适的环境中表达看法。半结构访谈可以使用下文所述的备忘录。

- 简介。
- 绵羊数量。
- 养羊场内养羊户活动。
- 管理系统。
- 在哪里牧羊。
- 养羊场的问题和挑战。
- 重要问题排序。
- 疫病排序。
- 是否有任何其他观察结果。

（2）确保能够得体地做自我介绍，并解释到访的原因。记住不要就未来项目提出自己的期待。

（3）确保记下了养羊户以及其他组成员的名字。

（4）尽量使用以"谁""什么""哪里"和"为什么"等开头的开放式问题。

（5）任何以"是"或"不是"来回答的问题都是封闭式问题，应尽量避免。

（6）对你感兴趣的某一专题不断提问，尽量探究到问题的本源。

5.3.2 专题小组讨论

专题小组讨论是指对一个小组养羊户进行访谈，例如，4～8人。专题小组讨论就特定问题收集信息，并记录受访人的观点。可以让小组学员就某个问题讨论一段时间。你在这段时间内观察他们，确保他们围绕既定问题展开讨论。

5.3.3 改变或接续话题

在讨论某个问题时，可通过改变或接续话题，找出关于该问题的显著变化。这些话题会凸显他们之前对学员或学习小组个别学员的看法或影响，解释他们之前如何处理应对，并让整个小组都了解某一学员获得的经验。

5.3.4 直接观察法

直接观察法是按照特定方式沿线观察的方法，例如，在某个选定区域以蜿蜒前进方式观察调查。在沿线观察调查前应确定拟观察的主要问题。辅导员可以鼓励采用此法，观察特定时间内任何环境特性或活动。所有观察结束后，可以绘制相应样条图。

5.4　视觉方法

5.4.1　农事历

简介：季节不同，绵羊生产中遇到的问题也不尽相同。例如，疫病、饲料、产羔、气候等因素都随着季节不同而发生变化。按季节对这些因素进行分析，可以让学员观察到不同季节性问题，从而提前规划自己的绵羊生产活动。

目标：

- 了解绵羊生产中不同季节性问题。
- 协助规划绵羊生产问题。
- 协助开展绵羊生产记录、分析和信息反馈。
- 增强绵羊生产决策能力。

教学材料：可在当地找到的石头等材料、展板、卡片、笔、笔记本、马克笔。

用时：45 ～ 75分钟。

地点：面积足够大的地面。

步骤：

（1）活动开始前，准备一些卡片。

（2）先规定时间轴。画出1米长的水平线，表示1年。这条线可以进一步按照月份或季节划分，并对其做好划分标识。

（3）向学员介绍一个具体问题，例如，饲料的利用率，并询问学员饲料的利用率是如何因月份和季节不同而发生变化的。向学员解释这些卡片的含义。

（4）现在让学员将气候变化添加到农事历上。此外，还可以通过将一定数量的石头放到农事历上来体现降水类型，这些石头代表某个月份（季节）的降水量。还可以用同样的方式，将温度或其他任何有用的因素添加到农事历上。

（5）现在让学员将与主题（例如，一年里不同类型的饲料）相关的养羊大事添加到农事历上。可以使用图片、实物或标签来表示不同类型的饲料，并仍用石头数量来表示饲料在不同月份或季节的可用率。

（6）让学员解释不同数量的石头有什么含义。应确保提出足够多的启发性问题来帮助学员分析石头数量不同的原因。

（7）此时，可以将农事历绘制到展板上，应注意做出相应记录供以后使用。

5.5 排序和得分

5.5.1 配对排序

简介：当面对很多信息内容时，配对排序（表5）可以分出轻重缓急。

目标：让学员进行排序，并就排序结果形成一致看法。

教学材料：用于展示排序结果的展板、马克笔和相关小物品。

学员：全体学员。

用时：取决于需要排序的信息数量。例如，如果有10条信息，约需要1小时30分钟。

地点：室内或户外均可。

步骤：

（1）活动开始前，先确定排序评分的信息。这些信息可以单独记录在卡片上。可以使用当地语言或出示图片，确保所有学员都知道每张卡片的意思。

（2）现在可以针对选定的信息开展配对排序。选择两条信息，例如，"饲料不足"和"体内寄生虫"。

- 让学员讨论并决定哪些内容最重要。
- 完成排序后，让学员解释这样排序的原因。
- 询问学员是如何选出这两个问题的，以及选择标准是什么。
- 询问学员如果出现上述问题，应采取什么措施。
- 询问学员上述问题出现的最后时间。

（3）确保记录所有的答案。配对排序完成后，会算出得分和排序。被选次数最多的问题就是排序最靠前的问题。

表5 配对排序示例

问题	饲料不足	动物疫病	缺水	缺乏乳用品种	得分	排序
饲料不足		饲料不足	缺水	饲料不足	2	2
动物疫病			缺水	缺水	1	3
缺水				缺水	3	1
缺乏乳用品种					0	4

资料来源：联合国粮食及农业组织，2021。

57

5.5.2 打分矩阵

简介：打分矩阵（表6）用于分析当地问题，促进交流。

目标：打分矩阵可厘清挑选标准和被评估对象之间的关系。例如，养羊户如何看待观察到的症状与具体疫病之间的关系。

教学材料：用于排序的小物品，例如，石头、可在当地获得的任何材料；卡片、马克笔和展板。

学员：最多8名学员。如果学员超过这一数量，则将他们分为几个小分组。

表6 矩阵得分示例

	寄生虫感染	伊氏锥虫病	炭疽热	乳腺炎	痢疾
羔羊死亡率	●●●●●●●		●●●●		●●●●●●
成年羊死亡率	●●●●●●	●●●●●	●●●●●●		●●●●
缺奶	●●●●	●●●		●●●●●●●●●	●●●●
收入不足	●●●●●	●●●●●●●	●●	●●●●●●	●●●
失重	●	●●●●●●●		●●	●●●●●●●

资料来源：联合国粮食及农业组织，2021。

用时：45 ～ 75 分钟。

地点：室内或户外地面上均可。

步骤：

（1）选择讨论主题，如动物疫病。将各种动物疫病写在卡片上。将这些卡片在地面上摆成一排。

（2）确定排序标准，例如，"羔羊死亡率"，然后将排序标准写在卡片上。

（3）让学员使用石头（每种疫病需要5块石头）来表示"羔羊死亡率"和疫病之间的相关性。确保让学员用完所有石头。

（4）摆放完所有石头后，让学员计算最后得分。如果学员有其他想法，可以让他们重新摆放石头。确保记录每种疫病的石头数量。

（5）选择一个新标准，然后重复以上步骤。持续进行操作，直至完成所有标准的评分。

（6）此时形成了矩阵，与表6类似。

（7）现在与学员讨论这个矩阵。应不断提出问题，确保涉及专题的各个方面，并分析到所有因素。

（8）把矩阵绘制到展板上，以备将来参考使用。

5.5.3　学习小组评估表

简介：农民田间学校项目要想取得成功，其中一个核心要素就是恰当地开展评估和监测活动。让农民田间学校所有学员参与评估工作，这能够增强他们对评估结果的认可度。可以使用"学习小组评估表"来开展相关评估工作。该评估表可由外部顾问填写，也可由学习小组学员自己填写。

目标：评估农民田间学校项目的优势和教学进度。

教学材料：项目评估检查表（见附录27：学习小组评估表示例）和笔。

用时：40分钟。

地点：室内或户外均可。

备注：可根据小组的需要，适当修改评估表。

步骤：

（1）在访谈中，自己填写评估表，或让学员自己填写检查表。

（2）在灰方格里记录得分。可以让学员自己填写得分，然后在全体学员讨论会上讨论结果；也可给各小分组（例如，4人的小分组）分发一张评估表，然后在全体学员讨论会上讨论结果。

（3）让学员针对每个专题打分。

（4）讨论练习结果。

5.5.4　优劣势分析

简介：优劣势分析（SWOT）代表"优势""劣势""机会"和"风险"。通过优劣势分析，既能确定项目的优势和劣势，还能确定外部风险和机会。

目标：分析农民田间学校项目的"优势""劣势""机会"和"风险"，并使用分析结果增强项目优势。

教学材料：展板、不同颜色的马克笔、胶带。

学员：最多15名学员。如果学员超过这一数量，则将他们分为几个小分组。

用时：60～90分钟。

地点：室内或户外均可。

步骤：

（1）在头脑风暴等学习活动中，列出项目优势和劣势。可以使用排序方法来表示哪些因素对项目最重要。

（2）用同样的方法来分析机会和风险。应注意结合项目外部因素来分析机会和危险，这些因素一般不受项目小组控制。

（3）将分析结果列在展板上（表7）。

（4）与学员讨论分析结果，探讨问题原因，并根据结果制定应对措施。

表7　优劣势分析示例

优势	劣势
-了解总体情况	-没有轮流使用参与式工具
-与当地社区负责人保持良好联系	-无电脑
-办公环境好	-无交通工具
机会	**风险**
-与欧盟资助项目合作	-通信信号不好
	-薪酬偏低

资料来源：联合国粮食及农业组织，2021。

<h1>REFERENCES 参考文献</h1>

通用

1. FAO Azerbaijan, project document, project UTF/AZE/009/AZE "Development and application of sustainable sheep production and food value chains".

2. Draaijer, Jurjen (2020), FAO Azerbaijan project UTF/AZE/009/AZE, Farmer Field School-Training Needs Assessment, available from FAO Azerbaijan.

3. Punjabi, M. (2020). Developing the sheep value chain in Azerbaijan-Vision 2025. Rome. FAO. https://doi.org/10.4060/cb0288en.

牲畜/羊生产

4. Glorie, Frank (2016), Sheep signals, a practical guide to animal-focused sheep husbandry, Roodbont Publishers, available from: www.roodbont.nl.

5. Draaijer, Jurjen (2020), FAO Silage making for small holders, http://www.fao.org/3/ca9937en/CA9937EN. pdf.

6. Draaiier Jurien (2020), FAO Hay making for small holders, http://www.fao.org/3/ca9936en/CA9936EN. pdf.

7. NCAT (2008), An Illustrated Guide to Sheep and Goat Production, https://attra.ncat.org/product/an-illustrated-guide-to-sheep-and-goat-productionl.

8. NCAT (2014), Small Ruminant Resource Manual. https://attra.ncat.ore/ruminant/#manua.

9. Brittanica. com, sheep: https://www.britannica.com/animal/sheep.

10. FAO, Pastoralists and Farmers Manage the Landscapes, http://www.fao.org/3/il687e/il687e07.pdf.

11. http://www.fao.org/3/al250e/annexes/CountryReports/Azerbaijan. pdf.

12. Yami and Merkel (2008), Sheep and Goat Production Handbook for Ethiopia, Ethiopia Sheep and Goat productivity Improvement Program (ESGPIP).

13. FAMACHA information guide: http://www.fao.org/docs/eims/upload/agrotech/1906/FAMACHA%20InfoGuideFEB04v4final.pdf.

14. FAO. 2021. Climate-smart livestock production. A practical guide for Asia and the Pacific region Bangkok. https://doi.org/10.4060/cb3170en.

牲畜农民田间学校

15. FAO. 2018. Farmer field schools for small-scale livestock producers-A guide for decision

makers on improving livelihoods. FAO Animal Production and Health Guidelines No. 20. Rome， FAO. 56 pp.

16. Groeneweg, K. et. al. (2006). Livestock farmer field schools: guidelines for facilitation and technical manual. Internationa Livestock Research Centre: Nairobi, Kenya.

17. Minjauw, B. and McLeod, A. (2003). Tick-borne Diseases and Poverty: The Impact ofTicks and Tick-borne Diseases on the Livelihoods of Small-scale and Marginal Livestock Owners in India and Eastern and Southern Africa. Research report DFID-AHP Centre for Tropical Veterinary Medicine (CTVM), University of Edinburgh, UK. 16 pp.

18. Minjauw, B. and Romney, D. (2002). Integrated livestock management using participatory methodology the example of livestock farmer field schools. Paper presented at the Annex A International Workshop organised by the EU Concerted Actions, Integrated Control of Pathogenic Trypanosomes and their Vectors (ICPTV) and the International Consortium on Ticks and Tick-Borne Diseases, Phase II (ICTTD-2). 10-12 April 2001, Antwerp, Netherlands. Newsletter 6, p. 29-30.

19. Minjauw, B. , Muriuki, H. G. and Romney, D. (2002). Adaptation of the farmer field school methodology to improve adoption of livestock health and production interventions. In: Responding to the Increasing Gobal Demand for Animal Products. Proceedings of the British Society of Animal Science International Conference. Merida. Mexico. 12-15 November 2002.

20. Minjauw, B. Muriuki, H. G, and RomneyD. 2002: Adaptation of the Farmer Field School methodology to improve adoption of livestock health and production interventions. In: Responding to the Increasing Global Demand for Animal Products. BSAS Conference. 12-15 Nov. 2002. Merida. Mexico. See more at: http://www.agriculturesnetwork.org/magazines/global/learning-with-farmer-field-schools/field-schools-for-kenyan-dairy-farmers#sthash.tip4AYQo.dpuf.

21. Poultry FFS: http://www.share4dev.info/ffsnet/documents/3180.pdf.

22. Curriculum for Farmer Field School on Local Chicken Production (Egg to Egg Programme), July 2004, Khisa S Godrick.

23. Pastoralist Field School – facilitators' manual.

24. Makori, J. A.; *Influence of Farmer Field School extension approach on smallholders' knowledge and skills of dairy management technologies in Molo division, Nakuru district of Kenya*, Egerton University, 2007.

25. Minjauw, B; *Development of a Farm Field School Methodology for Smallholder Dairy Farmers*, ILRI Kenya, 2004.

26. Minjauw, B., Muriuki, H. G. and Romney, D. (2002). *Development of farmer field school methodology for smallholder dairy farmers in Kenya*. International FFS Workshop, Yogyakarta, Indonesia, 21-25 October 2002. http://www.eseap.cipotato.org/UPWARD.

27. Vaarst, M; *Participatory Common Learning in Groups of Dairy Farmers in Uganda (FFS approach) and Danish Stable Schools*, Faculty of Agricultural Sciences Dept. of Animal Health Welfare and Nutrition Tjele, Denmark, 2007.

农民田间学校通用

28. Sones, K. R. , Duvesktog, D. and Minjauw, B. (eds) (2003). *Farmer Field Schools: The Kenyan Experience*. Report of the Farmer Field School Stakeholders' Forum held 27 March 2003 at ILRI, Nairobi, Kenya. Food and Agriculture Organization of the United Nations (FAO), Kenya Agricultural Research Institute (KARI) and International Livestock Research Institute (ILRI), Nairobi, Kenya. See http://www.ilri.org.

29. Action Research for Disaster Risk Reduction - Experiences with Farmer Field School (FFS) and Village Community Banks (VICOBA). http://www.fao.org/disasterriskreduction/east-central-africa/documents/detail/en/c/2775/.

30. FFS 5-min video：https://www.youtube.com/watch?v=9rqZUEVF_kA.

31. FAO, Farmer Field School Guidance Document, 2016：Planning for quality programmes, http://www.fao.org/3/a-i5296e.pdf.

32. Good Practice Principles：FFS, November 2011. http://www.fao.org/disasterriskreduction/east-central-africa/documents/detail/en/c/1517/.

术语表 GLOSSARY

流产（Abortion）　　　　　　　妊娠期过早排下羊胎

胞衣（Afterbirth）　　　　　　　产羔后从子宫排出的胎盘和胎膜

贫血（Anaemia）　　　　　　　　血液红细胞不足的状态

胃气胀（Bloat）　　　　　　　　瘤胃气体积累

臀先露（Breech）　　　　　　　　产羔时后肢先产

羊胸（Brisket）　　　　　　　　　羊胸肉

去势钳（Burdizzo）　　　　　　　去势时使用的夹钳

倒翻羊（Cast sheep）　　　　　　羊倒翻后背贴地，无法站起来

去势（Castrate）　　　　　　　　切除睾丸或对睾丸进行处理

初乳（Colostrum）　　　　　　　母羊产羔后第一次分泌的乳汁

精料补充料（Concentrate）　　　纤维少而能量多的一种饲料

受孕（Conception）　　　　　　　精子进入卵子受精（养羊育种）

构象（Conformation）　　　　　　绵羊的外形或结构

卷毛（Crimp）　　　　　　　　　羊毛纤维自然卷曲或弯曲

杂交繁育（Crossbreeding）　　　不同品种动物间配种

反刍食物（Cud）　　　　　　　　反刍动物先吞下再倒嚼的饲料

扑杀（Culling）　　　　　　　　　剔除不需要的牲畜的过程

结块毛簇（Dags）　　　　　　　　羊毛受到粪便污染，粘到羊臀部

母畜（Dam）　　　　　　　　　　牲畜的雌性父母

灌药（Drenching）　　　　　　　从口部灌入驱虫药的方法

弹力去势器（Elastrator）　　　　用于去势的一种设备

母羊（Ewe）　　　　　　　　　　雌性羊

农场交货价格（Farm-gate price）物品送到农场的价格，包括运费等

细度（Fineness）　　　　　　　　测量羊毛纤维直径

固定成本（Fixed costs）　　　　　与绵羊数量无关的养羊场成本

裂唇嗅叫（Flehmening）　　　　　公羊求偶时典型叫声

羊群（Flock）　　　　　　　　　　一群羊

腐蹄（Foot rot）　　　　　　　　由细菌引起的羊足病，具有传染性

妊娠（Gestation）　　　　　　　　怀孕

发情期（Heat）	也称动情期，雌性母羊的受孕期
杂交优势（Heterosis）	杂交后的性能高于预期
近亲繁殖（Inbreeding）	亲缘关系较近的动物个体互相配种、繁殖后代
肌内注射（Intramuscular）	注入肌肉内
静脉注射（Intravenously）	通过静脉注入
哺乳（Lactation）	分泌乳汁
羔羊（Lamb）	不满1年的羊
豆科植物（Legume）	能吸收大气中氮的植物
乳腺炎（Mastitis）	乳腺出现炎症
动情期（Oestrus）	发情期（绵羊育种）
羊仔（Offspring）	小羊
围场牧地（Paddock）	供放牧的封闭区域
光伏发电（Photovoltaic）	太阳能发电
胎盘（Placenta）	胞衣
肺炎（Pneumonia）	肺部感染（动物卫生）
探究（Probing）	反复询问以确保收到所有的答复
隔离检疫（Quarantine）	将羊隔离一段时间来监测是否感染疫病，以避免传染给其他羊
涂红（Raddle）	按照每只公羊配种范围给母羊涂色标记
公羊（Ram）	未去势的雄羊
收益（Revenue）	收入
轮牧（Rotational grazing）	在不同围场牧地间轮流放牧的策略
粗饲料（Roughage）	富含纤维、低消化率的饲料
青贮饲料（Silage）	在筒仓中发酵的绿色饲料
父畜（Srie）	雄性亲畜
种性（Trait）	基因决定的特点（动物育种）
配种（Tupping）	交配（羊）
免疫接种（Vaccine）	通过注射疫苗预防某种疫病
可变成本（Variable costs）	养羊场随羊群数量的变化而变动的成本
精力（Vigour）	体格好，身体健康
羊外阴（Vulva）	母羊生殖器官
断奶（Weaning）	停止给羔羊喂奶
阉羊（Wether）	被去势的公羊
1岁崽（Yearling）	1～2岁的羊
人畜共患病（Zoonoses）	可在人类和动物之间传播的疫病

附录 1 讲义 SP1——羊的信号

© Glorie

健康羊

睡眠/醒着
每天约睡4小时，休息几小时。站立排便，伸展身体

黏膜
浅粉色

耳朵
警觉、温暖

行为
警觉、好奇

食欲好
食欲好，每天反刍4～6次。
每次反刍约咀嚼60次

羊毛
柔软、卷曲、有光泽。顺滑、无松散
簇毛或损伤

瘤胃
完整光滑，瘤胃
每分钟收缩2次

胸部
宽大，肺和肠道
活动空间大

呼吸
12～15次/分，
呼吸平稳、均匀

关节
无增生、
弯曲自如

蹄/胸
干燥、整洁、
完整（坚实）

心率
心跳规则、有力。成年羊心率为60～80次/分，
羔羊心率为115～140次/分

体温
38.5～40℃
（101.3～104°F）

皮肤
干净、粉红

乳房
平滑、无硬块

粪便
成形良好

体态/姿势
四肢受力均匀

健康的羊应该：
• 嘴巴闭合完整
• 前额宽平、眼睛明亮、警觉
• 背部挺直、腰椎骨宽平
• 臀部宽平、斜度平缓
• 肋骨弯曲、修长
• 腹部宽深
• 跤骨挺直
• 前腿结实笔直
• 脖颈向上渐细
• 飞节直目平行

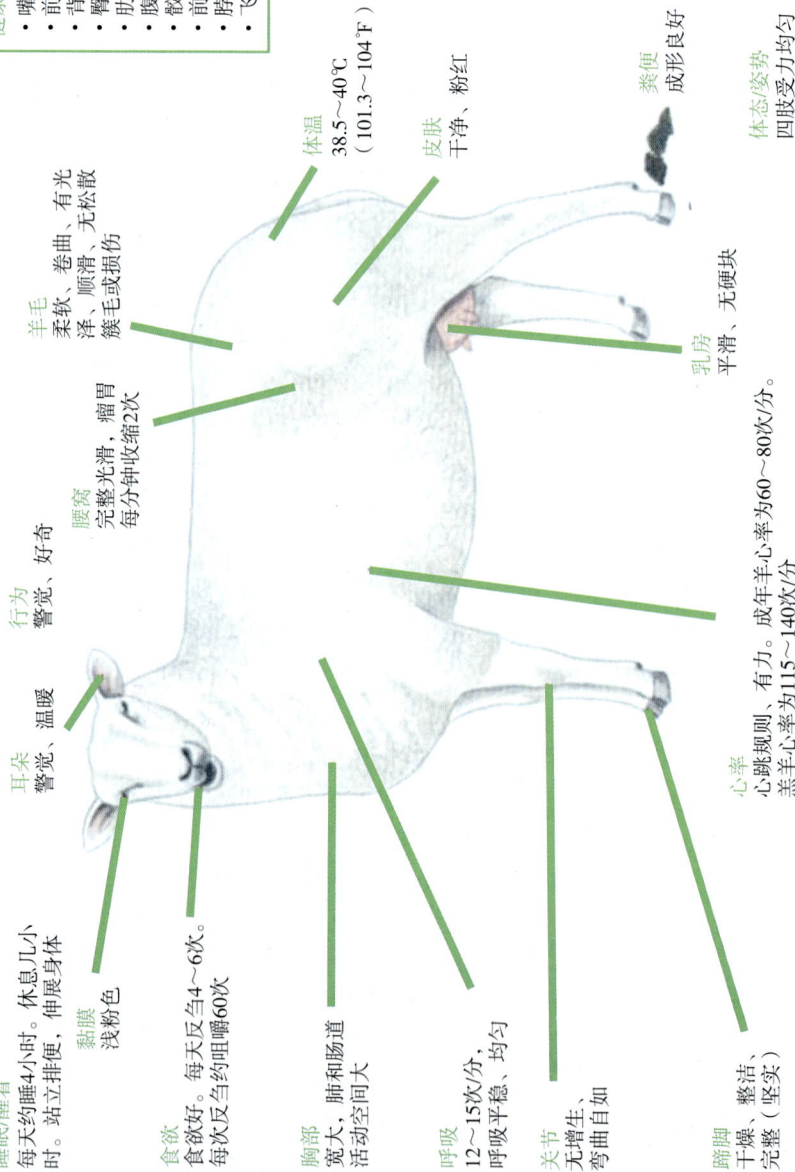

羊毛
粗糙、分叉、干燥、
无卷曲及损伤

体温
过高或过低

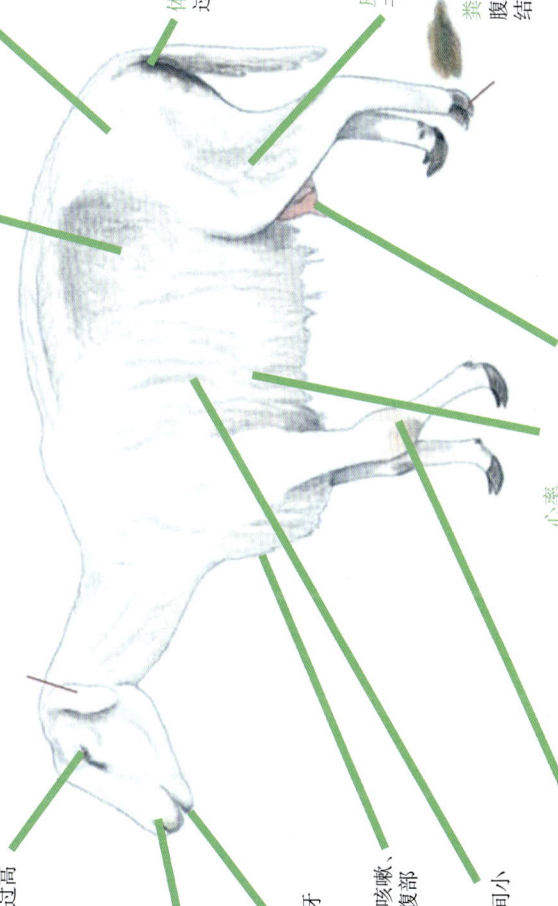

皮肤
干燥、有鳞片、痂

粪便
腹泻、结块或无粪

蹄脚
变形、开裂、潮湿

腰窝
凹陷可见、瘤胃每
分钟收缩少于2次

体态姿势
跛腿、圆背

乳房
发热、红肿、硬、
变色、有时甚至是
黑色（坏死）

行为
昏昏欲睡、焦躁
不安、萎靡不振

心率
微弱、过快、
不规则

耳朵
牵拉、冰冷

移动
笨拙、僵硬、不平稳

生病的羊

睡眠醒着
不喜站立、长时间俯卧、
躁动不安

黏膜
紫色＝缺氧
黄色＝肝病
红色＝血黏稠度过高
白色＝贫血

鼻子
温热、有分泌物

食饮
食饮差、反刍次数少、
淌口水、漏食、因疼痛磨牙

呼吸
呼吸微弱、张口、气喘、咳嗽、
抽吸、阻塞、呼吸时明显鼓腹部
推动或头部不断摆动

胸部
前腿并拢、肺部和肠道空间小

关节
粗厚、肿胀、僵硬、疼痛

附录2 讲义SP2——绵羊的一般生产性能指标

有些绵羊的指标可测量，而有些指标则让人很有兴趣去了解并与他人分享：

- 呼吸频率：每分钟12～15次，呼吸应均匀。
- 心率：60～80次/分（成年羊每分钟心跳次数），115～140次/分（羔羊每分钟心跳次数）。
- 绵羊体重各异。
- 绵羊增重各异，约为每天300克。
- 体温：38.5～40.0℃。
- 黏膜颜色：正常为淡粉色；若为紫色，则表示缺氧；若为黄色，则表示有肝病/铜中毒；若为红色，则表示血液黏稠度过高；若为白色，则表示贫血/缺铜。
- 瘤胃每分钟收缩2次。
- 每只羊1天大约睡4小时。
- 每只羊每天吃草6～9小时，一般分5～6次进食。
- 反刍时，每反刍1次咀嚼60次。
- 羊龄：可以根据牙齿情况推断。
- 羔羊年龄：12～14月龄。
- 母羊每年产羔量：每年产羔1.8～2.0只。
- 羔羊初生重：2.5～5.0千克。
- 羔羊断奶天数：80天。
- 羔羊断奶重：12.0千克。
- 发情间隔：17天。
- 妊娠期：147天（5个月减5天）。
- 产奶量：0.6～1.5千克/天。
- 哺乳期：180～220天。

掌握绵羊的体重数据很重要，因此应定期测量绵羊的体重以确定其是否正常生长。例如，可以随机选出一些羔羊，然后每隔几周就测一次体重，以确定它们的生长状况。我们可把羔羊放在桶里用弹簧秤称重（仅对那些很小的羔羊），也可使用体重秤来测重（抱着羔羊站在秤上称重，然后减去自己的体重）。商业养羊户一般用称重箱或穿行式平台秤给羊测重。绵羊的品种不同，生长率也各不相同。对那些增重快的品种（或杂交品种）来说，绵羊的日均增重可超过300克。羔羊一般在断奶后的最初几周里增重稍慢，大约为每天250克，我们不必对此担心。

我们可以通过绵羊的牙齿来推测其年龄。新生的羔羊长有4～6颗乳牙，之后在1年时间里牙齿增至8颗。与成年羊的牙齿相比，乳牙更窄，也更尖一些。首先长出的恒牙是门牙，在绵羊1.5岁左右生成。到2岁时，其他恒牙从两侧长出。到2.5岁时，绵羊长出6颗恒牙。大约到3岁时，绵羊长满8颗恒牙。绵羊的上颌不长门牙，只有臼牙。绵羊一般从6岁开始掉牙。一旦开始掉牙，绵羊的吃草和咀嚼能力也同步下降。这意味着绵羊的性能开始走下坡路，因此应该淘汰这些绵羊。一般来说，绵羊能活到14～15岁（图1）。

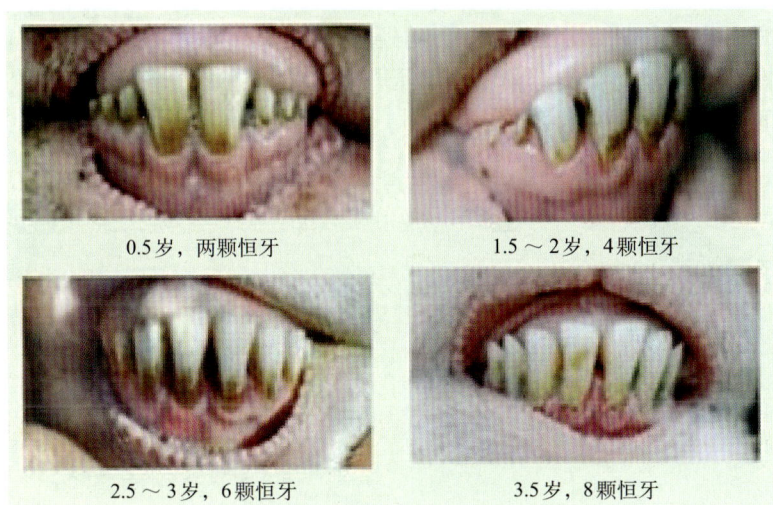

图1　根据牙齿判断羊龄

附录3 讲义SP3——牧羊和逃避距离

绵羊成群而行，喜欢群居生活。它们对所有靠近自己的人或物都有本能的逃避反应。这种逃避反应可用于牧羊，通过不给它们造成靠近压力而管理羊群。可使用逃避反应来让羊群朝希望的方向前进。养羊户如果能够保持安静，且能恰当地管理羊群，就能缩短羊群的逃避距离，因为羊群能够适应养羊户的靠近。如果逃避距离短于2米，则能说明羊群未感到人的压力，且对人非常信任。如果逃避距离超过3.5米，则说明羊群可能非常紧张、感受到人给予的压力。我们可以使用平衡点（图2）来牧羊。平衡点一般在羊群的肩部位置。如果想让羊群向前移动，那就需要从羊群肩部后面施加压力；如果想让羊群向后移动，那就需要从羊群肩部前面施加压力。此外，还可以通过加快或放缓行走速度来改变羊群的移动速度。

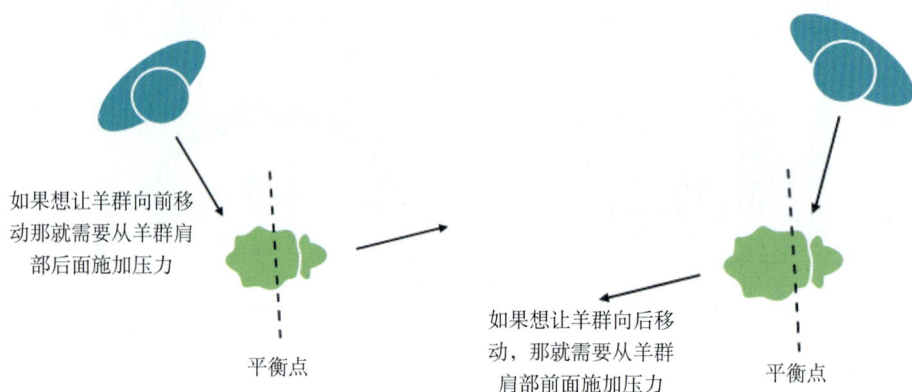

如果想让羊群向前移动那就需要从羊群肩部后面施加压力

平衡点

如果想让羊群向后移动，那就需要从羊群肩部前面施加压力

平衡点

图2　牧羊的平衡点

资料来源：Glorie，2016。

为了确保羊群持续朝同一个方向移动，你可以在它们后面蜿蜒前行。这样可以让羊群不慌不忙，凑在一起移动。你如果在羊群后面直线前行，它们就会感到紧张，因为它们不能一直看到牧羊人。你应确保可以看到羊群的眼睛，这样它们也能看到你（图3）。

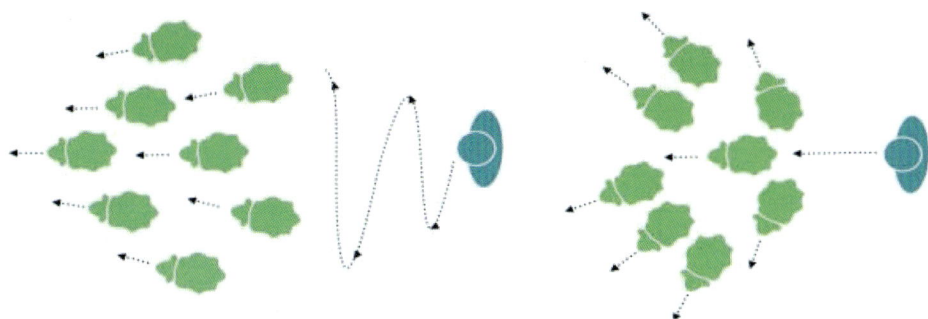

图3 牧羊——蜿蜒前行

资料来源：Glorie，2016。

应确保让羊群把你看作它们的首领。这样你在前面走，它们就能跟着你。要达到这一目的，你应从桶里或用手给它们提供美食作为鼓励措施，训练羊群"跟着"你走。羊群吃你提供的美食形成习惯后，你可接着把这一习惯与吹口哨联系起来。这样它们会随着你的口哨声移动。如此一段时间后，你就可以使用口哨召唤它们靠近你。以后，即便不再提供美食，它们也会听你的指挥。你可以一直走在羊群前面，以确保自己的首领地位，注意不要让任何绵羊超过自己。

附录4 讲义SP4——体况评分

可通过绵羊的身体状况了解其营养状况，以及出肉率和脂肪含量。由于绵羊身上覆盖的绵羊毛会让人看不清体况，可以通过抚摸绵羊的腰部进行鉴别。不同品种的绵羊体况也不一样，因此只能具体品种具体分析。

一般来说，绵羊背部无凸出的脊骨，如果你发现脊骨凸出（把绵羊毛向左右拨开后），这就说明绵羊太瘦了。可使用图4来评估绵羊的体况。总体来说，绵羊太瘦或太肥都不好。一般来说，绵羊的体况评分在3.5分左右为最佳。

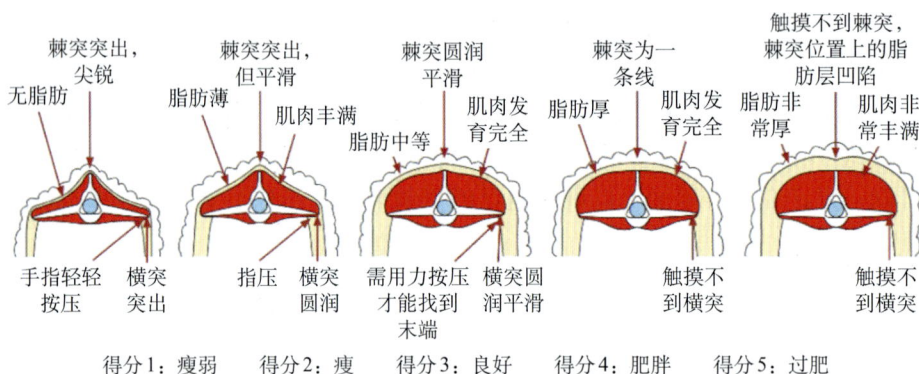

得分1：瘦弱　　得分2：瘦　　得分3：良好　　得分4：肥胖　　得分5：过肥

图4　绵羊的体况评分

资料来源：Glorie，2016。

表8总结了母羊、公羊和羔羊的不同评分情况及其潜在原因，以及养羊户可采取的改善措施。

表8　体况评分和母羊、公羊、羔羊体况的可能原因及可采取的改善措施

得分	母羊	公羊	羔羊	措施
1	长期问题或先天不足	长期问题或先天不足	长期问题或先天不足	检查是否患病
2	身体出现问题，能量摄入不足	身体出现问题，能量摄入不足	有问题或先天不足	检查是否患病补充饲料，恢复健康
3	健康	健康	健康	无
3.5	配种前健康	配种前健康	育成（轻度增肥）	无
4	健康	健康	健康	无
5	肥胖	肥胖	肥胖	减重

资料来源：Glorie，2016。

附录5　讲义SP5——扶正倒翻羊

有时，绵羊会倒翻在地，且自己无法站起来，这种情况称为"倒翻羊"，肉羊比其他品种的羊更容易发生倒翻。绵羊身上的羊毛又厚又重、妊娠后身体渐重、牧地坑洼不平等各种情况都会增加绵羊发生倒翻的危险。如果不及时扶正倒翻羊，那么倒翻羊的瘤胃会不断进气肿胀，肠道也会对肺部施加越来越大的压力。倒翻羊就逐渐感觉呼吸困难，最终在几小时内窒息而亡（图5）。

图5　一只倒翻羊

倒翻羊生命垂危的一个重要信号是，不停地摩擦地面、围栏或树，妊娠后期的母羊尤其会出现这种情况。养羊户应检查其是否患有疥癣，若有必要则及时诊治。绵羊不停地摩擦地面、围栏或树会加大倒翻的风险。

扶正倒翻羊

站在绵羊的头部位置，抓住绵羊的腋窝，将其翻过来，然后让其坐在后腿部再站起来。如图6所示，应注意让倒翻羊的后腿先着地受力。如果我们能够及时扶正倒翻羊，其很快就能恢复正常，通常10分钟后就能吃草。永远不要在一侧掀起倒翻羊。如果那样做，绵羊的肠道可能会缠在一起，最终导致绵羊昏迷甚至死亡。

图6　扶正倒翻羊

附录6 讲义SP6——气候智能型绵羊生产

引言

目前，全球许多地区的气温正在上升，极端天气事件越来越多，降雨模式也越来越难以预测。这种气候变化也威胁到了绵羊生产系统。气候变化影响着畜牧生产，而畜牧生产又反过来影响二氧化碳（CO_2）、一氧化二氮（N_2O）和甲烷（CH_4）的排放，从而引起气候变化。据估计，畜牧业生产排放的温室气体（GHG）约为71亿吨二氧化碳当量，约占人类活动温室气体排放总量的18%（联合国粮食及农业组织，2006）。畜牧业温室气体主要是由家畜瘤胃发酵和畜禽粪便排放产生的。

气候智能解决方案要么与适应气候变化有关，要么与缓解气候变化有关。

适应气候变化

由于降雨的不可预测性以及气温的上升将影响养羊户的生产系统，所以他们将不得不适应气候变化。气温升高会引起绵羊热应激反应，影响绵羊生产性能和饲料质量，水的可利用量也会随之减少；还会诱发新的动物疫病，也会改变现有动物疫病的分布格局。自然资源不断减少，加剧了养羊业与其他行业的竞争，而自然资源也将变得更加稀缺。

缓解气候变化

在养羊户培训课程中，不仅要突出适应气候变化的内容，而且还应重点关注如何缓解气候变化，并提出切实可行的解决方案。畜牧业排放温室气体，是造成气候变化的元凶之一。温室气体可通过反刍动物瘤胃发酵或畜禽粪便直接产生；也可经由饲料生产，如开辟林区牧场，间接产生。生产力越低，每个畜产品单位的温室气体排放量越高，因此提高生产力有助于缓解气候变化。

气候智能型畜牧业解决方案

由于农民往往侧重于使用更有效的生产系统，追求更高的生产力，他们更容易采取预防气候变化的干预措施。此外，这些干预措施将确保羊群在旱季保持健康状况，并减少季节性变化。

利用现有的自然资源，提高养羊业生产效率，可提高养羊业环境的可持续性。具体措施包括提高每只动物的生产力，提高饲料作物的单位面积产量，提高饲料利用率，以及有效利用水资源、化肥、粪便和其他投入。此外，减少羊价值链上的浪费也有助于提高养羊业生产效率。

本节课程有几个培训主题深入讨论了气候变化及其相关影响和后果。在其他课程教学过程中可参考本课的内容。

气候智能型适应方案示例

- 为确保羊群能够适应炎热或寒冷的天气，应：
  - 配备适合过冬的羊舍。
  - 通风并控制羊舍温度。
  - 在炎热季节，搭建足够的遮阳棚。
  - 在炎热季节，确保羊群充足的供水量。
- 疫病监测。警惕气候变化可引起的新疫病，并向当地兽医机构报告新疫病。
- 报告异常动物疫病，例如，当发现在不同月份发生了季节性疫病时。

气候智能型缓解方案示例

精减羊群数量，提高产量。可通过淘汰非生产性羊群来实现这一目的。这将减少温室气体排放量；如果成本下降，产量增加，可带来更高的收入。

为羊群提供更高质量的饲料，饲喂全价日粮，包括补充饲料，有助于提高羊群的生产力。

改进放牧策略（如轮牧），改良草场质量，从而提高采食量。

提高养羊场的能源利用率：利用太阳能光伏发电和其他可再生能源。

改进粪便管理方式，例如，以粪便为原料生产饲料。

附录7 讲义ID1——动物标识

资料来源：Glorie，2016和sheep101.info。

保存羊群生产系统记录，便于监测养羊场效能。若要保存记录，应首先对羊群进行标识，这有助于：

- 在淘汰、繁育或销售等环节挑选羊群。
- 监测羊群健康和生长情况。
- 监测用药和免疫情况。

在决定使用哪种标识之前，应寻找一种不易撕裂、永久性的，且易于读取的标识。通过该标识，可方便快捷地查询羊群所有信息。动物标识可使用以下方法：

- 耳标法。
- 耳缺法。
- 项圈或套绳。
- 电子标识。
- 临时标识。

耳标法

耳标法是常用的个体羊标识方法。耳标有多种尺寸、品牌和设计图案；有黄铜、铝和塑料等不同材质；有按钮式、旋转式、环形以及DNA指纹和无线射频识别（RFID）（电子耳标）等样式。耳标也可记录动物的其他有用信息，例如，耳标的第1个数字可代表绵羊的出生年份。不同颜色的耳标代表不同的出生年份、绵羊品种或主人等。耳标也可记录生产商的名称或注册信息。可在羔羊或公羊双耳上都加挂耳标，表示其品种或性别。

耳标法的应用

使用适当的耳标法可最大限度地提高耳标的保留率，并减少耳部感染。请注意，每种耳标通常都有其对应的耳标钳。请首先确保耳标钳是否正常工作，然后再插入耳标；将耳标插入耳标钳中，慢慢按压耳标钳的手柄，以确保其顶针正确对准。耳标应打在绵羊的耳尖和头骨之间的中间位置。如果耳标太靠近耳尖，就很容易丢失（图7）。

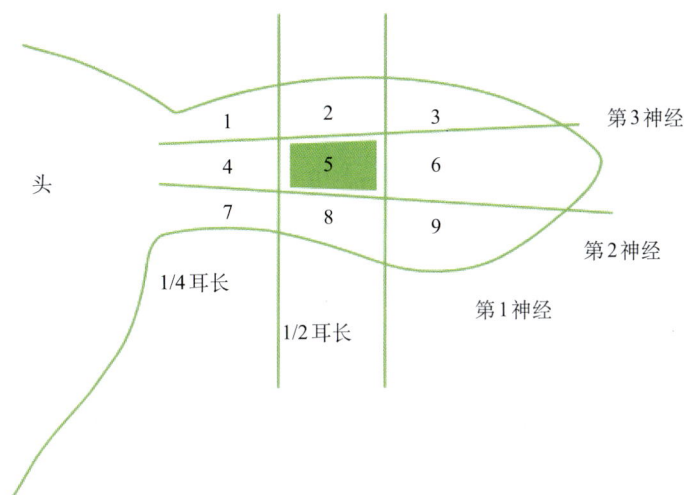

图7 打耳标的正确位置

资料来源：Glorie，2016。

打耳标时，需要固定绵羊的头部，以防抽搐或耳朵撕裂。可把绵羊夹在两腿之间，其他人固定住绵羊身体；或者把羊头固定在羊头固定架上。将羊耳朵放在耳标钳和羊下颌之间；抓紧羊耳朵的同时，快速按下耳标钳手柄，直到牢牢固定住耳标。

因打耳标导致感染的情况并不少见。可给羔羊（不是成年羊）打耳标，且打耳标的位置远离头骨，可减少感染。耳朵应保持清洁、干燥；耳标也应保持清洁。耳标钳应浸泡在消毒液中，最好在每次使用前后浸泡。耳朵又湿又脏时可能发生严重感染。小耳标对耳朵组织的刺激较小，可使伤口充分暴露于空气中。金属和圆形（按钮式）耳标透气性较差，较容易引起感染，应避免使用。使用抗生素、消毒剂或驱蝇剂有助于减少感染。未使用的耳标应存放在干净的容器中。

耳缺法

使用耳缺法在耳朵上剪出V形耳缺。正如猪耳缺法那样，耳缺可作为一种完整的动物标识系统，羊耳缺法是常用的简单区别绵羊身份的方法。例如，耳缺可用来表示出生方式或出生周，也可用来标记待淘汰的母羊。

项圈或套绳

项圈或套绳是使用最少的羊标识方法，但常用于其他乳用动物中。项圈带有编号标签，标签上记载了该动物的标识码。项圈必须拴在动物脖子上，松紧要合适，既不能掉下来也不能影响幼畜的呼吸和生长。应经常对成长期动物进行检查。

电子标识

目前，世界各地越来越多地使用RFID技术对动物进行标识。最常见的电子标识形式是电子耳标，外形与普通耳标无异，但是内部植入了微芯片。

临时标识

有时，我们需要对羊群进行临时标识。可使用喷号机喷涂、蜡笔、木棒和牙胶等方法对羊进行标识。这种标记通常有各种不同颜色，可保留几周或数月。为了便于识别，一些生产商将母羊的编号喷涂在羊的侧身或背部。在羔羊身上喷涂相同的编号，就可快速识别出哪只羔羊是哪只母羊产的。我们通常也使用这种临时标识来标记需要治疗的绵羊、妊娠诊断期间未妊娠的母羊、已治疗过或需要转移到其他地方的绵羊。

附录8　讲义ID2——记录的保存

资料来源：Glorie，2016；sheep101.info；NCAT，2018；Yami 和 Merkel，2008。

绵羊的基本信息记录

为了监测羊群的性能，需要保存一些记录。如上文所述，动物标识是正确保存记录的前提。保存父系和母系的记录也有助于防止近亲繁殖。例如，可保存下述信息：

- 羔羊母系和父系。
- 产羔日期。
- 羔羊的性别。
- 羔羊编号。
- 初生重。
- 体况评分等指标。

可能还想记录其他问题，如产羔的难易程度、母羊产羔能力和羔羊的强壮程度等，可使用表9进行记录。

表9　基本信息记录

羔羊编号	产羔日期	父系	母系	性别	初生重	意见

资料来源：联合国粮食及农业组织，2021。

其他基本信息记录

其他可保存的基本信息包括：

- 断奶重。
- 某时间的体重，如120天的体重。
- 根据生产目标要求应记录的其他信息。
- 配种日期。
- 买/卖日期和产地/目的地。
- 死亡日期。
- 流产。
- 动物卫生干预措施。
- 驱虫。
- 治疗。
- 疫苗接种记录。
- 贫血症检测评分。
- 其他。

生产记录

应该根据生产目标，决定应保存哪些具体生产记录来监测羊群性能。可保存以下信息记录：

- 产奶量、奶销售量和利润。
- 绵羊出栏体重和利润。
- 羊毛销售量和利润。
- 牧场信息记录、放牧日期和施肥日期。
- 饲喂记录、补饲日期。
- 生产成本和其他财务记录。

电脑存档

我们可使用电子表格（如Excel）对羊群性能数据进行记录、分类和分析，也可使用一些软件工具。

附录9 讲义FW1——营养物质需求

资料来源：NCAT，2014和sheep101.info。

全年维持适当的营养水平是羊群健康、高产的重要决定因素。宽广的优质牧场是保持羊群营养的最关键因素。优质牧场通常为羊群高产提供充足的营养物质。然而，我们仍然需要在一年中的某些时期给羊群补充一些浓缩饲料，如在繁殖期、妊娠晚期、哺乳初期以及羔羊生长期等；在不同地区可能还需要补充矿物质和维生素。绵羊的全价日粮含有丰富的能量、蛋白质、纤维、维生素、水和矿物质（图8）。

能量是饲料中重要的营养成分之一，往往也是日粮最主要的成分。日粮中能量的主要来源是糖类。绵羊的主要能量来源于饲料、牧草、青贮饲料、干草和谷物。如果绵羊摄入的能量不足，就会出现体重下降、生长缓慢、受孕率降低、产奶量下降等症状。如果绵羊饲喂不足，就容易感染某些疫病，特别是体内寄生虫。

蛋白质是绵羊日粮的重要成分之一。羔羊肌肉和各器官组织发育较快，需要沉积大量蛋白质。泌乳母羊生产乳蛋白，也需要补充更多蛋白质。蛋白质来源于大豆、葵花籽、棉籽、花生、菜籽（油菜籽）、鱼、苜蓿颗粒和豆类等。

糖类
蛋白质
脂肪
矿物质
维生素

图8　日粮各类饲料营养成分的占比

资料来源：联合国粮食及农业组织，2021。

羊日粮中需要添加16种矿物元素。

宏量矿物元素需求量较大，包括钠（Na）、氯（Cl）、钙（Ca）、磷（P）、镁（Mg）、钾（K）和硫（S）。

微量矿物元素（也称痕量矿物元素）需求量较少，包括碘（I）、铜（Cu）、铁（Fe）、锰（Mn）、锌（Zn）、钼（Mo）、钴（Co）、硒（Se）和氟（F）。

盐（氯化钠）。如果盐摄入不足，就会减少水和饲料的摄入量。盐在调节身体方面也发挥着重要作用。此外，盐摄入量低会影响羔羊的生长性能，也会影响产奶量。我们经常在全价饲料中添加盐，约占日粮的50%。

维生素A、维生素D和维生素E是绵羊日粮中必须添加的营养物质。植物中不含维生素A，但其含有的β-胡萝卜素可转化成维生素A。由于绵羊的瘤胃会自行合成B族维生素，所以无须在绵羊日粮中额外添加。维生素K可促进血液凝固，但通常不需要额外补充。老年羊应补充维生素D，以预防某些疫病。

纤维能够维持绵羊的瘤胃功能，刺激唾液分泌和反刍，还能提高采食量。表明绵羊采食量不足的信号之一是啃食羊毛或木头等其他非正常食物。

水是维持所有身体机能所必需的物质之一，可以说是绵羊日粮中最重要的营养物质。然而，水往往是绵羊营养中最易被忽视的。

营养物质需求

绵羊需要一定量的营养物质来维持生命。如果绵羊的采食量处于维持水平，那么其体重不会减轻，但也不会增加。

妊娠早期和中期的母羊对营养物质的需求量略高于维持水平。在这期间，虽然饲喂质量差的饲料会影响胚胎着床，但饲料质量不是非常重要。

一旦进入妊娠后期，营养需求就会大大增加。如果母羊怀有多羔，对营养的需求量就会急剧增加。这是因为胎儿的发育主要发生在妊娠期的最后一个月。此外，还需要额外补充营养物质，以确保母羊的身体状况相对较好，为产后产奶做准备。

哺乳期母羊的营养需求量是最高的，特别是在泌乳早期和产多羔时。据估计，产双羔母羊的产奶量会增加20%～40%。

对于商用育肥羔羊，可采取几种营养策略。常用的促生长策略是饲喂浓缩饲料。对于放牧饲养，羔羊不容易被蠕虫感染，如果进行补饲，会加快羔羊的生长速度。

在低温环境中，羊群需要消耗能量来维持体温。这意味着在寒冷的天气中绵羊的采食量会更大。

羊群活动范围越大，例如，为了寻找饲料和水，它们就需要摄入更多的饲料。

对水的要求

水是运输营养物质和废物的溶剂，是维持绵羊生命极其重要的营养物质，绵羊的咀嚼、吞咽、消化、饲料的代谢都离不开水；调节体温、润滑关节、保护器官，以及生长、繁育和泌乳也都需要水。应随时备好清洁、新鲜的饮用水。如果动物饮水受到限制，其产奶量和采食量都会下降。

一只绵羊需要喝相当于其体重7%～10%的水，介于4.5～7.0升。绵羊可从饲草中获得大量水分，特别是新鲜饲草，但它们仍需要饮水。我们应确保放牧区有足够的淡水饮水点，如每20只绵羊配备1个80升的饮水器。如果1只绵羊走到水槽前，应该能立即开始喝水。如果绵羊闻着水槽中的水而不喝，则说明水质有问题。应每周用刷子清洁水槽。

饮用水的理想水温是17℃。

附录10 讲义FW2——矿物质和维生素

矿物质缺乏可导致绵羊生产性能不佳。如果绵羊啃食栏杆和柱子，这表明可能缺乏矿物质。秋季和冬季草料中的矿物质和维生素含量通常低于绵羊的需求量。可通过血液检测来检查它们体内的矿物质含量。请注意，土壤可能缺乏某种矿物质，从而导致牧草中也缺乏相应矿物质。列出现有矿物质和维生素的来源以及农民对这些来源的看法。需要指出的是，只有经独立机构详细检测之后，我们才能确定需要补充的商品化矿物质和维生素的量。

矿物质和维生素是产奶和动物生长（Ca和P）以及繁育（Se和Co）所必不可少的。学习本节课程时，请携带一些常用物料，如补充饲料、块状饲料、混合饲料、盐等。尽量带不同品牌的物料，并讨论其不同之处。沙地和泥炭地的铜、硒和钴的含量特别低。这可能会在配种、产羔和羔羊生长期间导致一些问题。应定期检查它们的蹄部。蹄部表面光滑说明矿物质供应充足，而表面凹凸不平则可能表明缺乏矿物质。治疗矿物质缺乏症需要很长时间。

缺乏矿物质和维生素的表现

钴（Co）：羊群中的几只羊有泪痕、耳朵上有结痂或头部肿胀（图9）。

维生素E：影响精子质量（确保供应了充足的鲜草）。

硒（Se）：影响精子质量，有些土壤中缺硒，可能需要额外补充。

铜（Cu）：铜是形成红细胞、羊毛、牛角、色素、骨骼、血管等所必需的微量元素。不同羊品种对铜的需求差异很大。沙质土壤中的铜含量不多。缺铜会出现生育能力低下、羊毛稀疏、贫血（黏膜苍白）、生长发育不良等。

图9 泪痕（钴缺乏症）

附录11 讲义FW3——粪便的信号

　　理想情况下，羊粪应是黏稠的、绿褐色球状，如图10所示。如果粪便看起来不同，则说明饲料或绵羊的健康状况出现了问题。如果粪便太稀薄，则可能是绵羊饲料中粗纤维含量不足或蛋白质过量，也有可能是绵羊体内有寄生虫或肠道感染。如果粪便太干或黏稠，则可能是日粮中粗纤维饲料太多、太黏稠或者绵羊饮水量不足。

正常的固体粪便　　　　　　　　粪便太稀薄　　　　　　　　粪便太结实干燥

图10　粪便的信号

　　如果绵羊肛门周围的羊毛沾粪结块，这是由于腹泻引起的（图11）。需要对其粪便进行肠道虫卵检测，并检查其是否摄入了足够的粗纤维饲料。如果还不能找到原因，就需要兽医进行检查。还需要检查绵羊的饮水量，因为腹泻会导致水分大量流失。

　　其他粪便信号包括便血，或有时可看到蠕虫，参见动物卫生相关章节的内容。

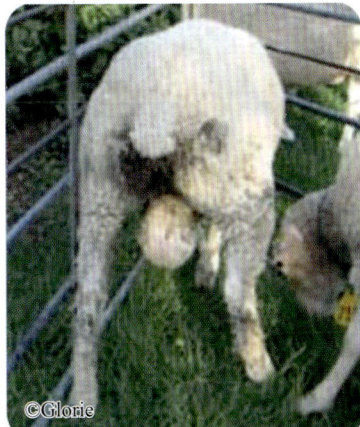

图11　肛门周围羊毛沾粪结块

附录12 讲义PG1——放牧策略

每天放牧时间为6～12小时，通常分为5个或6个放牧时间段。放牧时间取决于绵羊品种、牧草的营养价值、季节以及当时补充饲料的供应情况。在夏季，清晨是一天中最重要的一个放牧时间段。绵羊在这一时间段吃得很多，不会很挑剔。傍晚至日落的放牧时间段，绵羊吃得也很多，但这段时间较短。

何时放牧：当牧草长到8厘米（如一个拳头高）时，羔羊可进入牧场；当草剩4厘米（约两指高）高时，再将绵羊赶出牧场。这种高度差相当于每公顷约450千克干饲料。一只15千克重的羔羊每天大约吃0.5千克干饲料，而50千克重的绵羊则每天能吃2千克干饲料。在夏季，每公顷牧地平均每天长出约30千克干草料。每块牧场最好放牧2周，但不超过3周。因此，牧场的面积应与每天绵羊采食量相一致。根据经验，每公顷的优质牧场可放牧10～12只母羊及其羔羊（图12）。

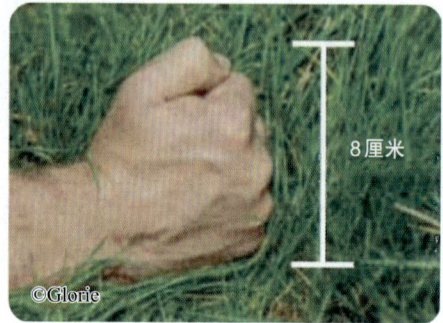

图12 放牧采食牧草适宜高度

羊群通常排成一排吃草，这样后面的绵羊（等级较低的绵羊）吃到的草的质量就会较差。因此，羊群不宜太大（少于50只），以避免大量绵羊吃不饱。当羊群进入新鲜牧场时，就会以疯狂的速度吃大量的草。这样的牧场牧草是新鲜的，没有被踩踏过，牧场上也没有尿液和粪便。新牧场加大了每天草的消耗总量。在新鲜牧场放牧第1阶段后，绵羊变得更加挑剔，就会寻找优质的嫩草，更有选择性地啃食。这就是放牧管理会带来好处的原因。

下面介绍一些放牧管理技术。使用某种非永久性放牧系统的优点之一是，由于羊群经常轮牧到新的牧场，减小了感染压力，从而减小了蠕虫感染的风险。由于羊群在特定牧场停留的时间很短，在虫卵变成感染性幼虫之前（最多3周），它们就会离开。图13列出了一些可采取的放牧策略。

图13　可采取的放牧策略

资料来源：NACT，2008。

连续放牧：在永久牧场，羊群在一块草地上停留的时间较长。划定草地的面积，确保羊群每天的吃草量与草的生长量相同。永久牧场的优点之一是人们不需要耗费太多工作量。然而，有一个显著的缺点是没有阻断肠道蠕虫的感染，可能会聚集蜱虫。这是因为没有定期将羊群转移到干净的牧场。通常很难维持草生长量和消耗量之间的良好平衡。为了维持放牧系统，应保持低放养量。

条区放牧是一种集中轮牧形式。例如，采取条区放牧形式，就必须每2天将羊群移到一片新的草地上，逐渐在可用的放牧区移动。这有助于促进牧草的生长，能为羊群提供新鲜的牧草，但移动电围栏将增加更多工作量。由于电围栏组装快速、易于移动，条区放牧已成为更具吸引力的选择。

轮牧：一种常用的方法是至少每2～3周轮换一次牧场。我们将放牧区划分为若干个围场，例如，可划分为6个不同的围场。一旦围场建立起来，就使羊群在围场之间有秩序地移动。各围场的放牧时间为3～7天。放牧时间的长短取决于放牧区域内羊的数量和牧草的生长速度。轮牧系统示例见图14。

图14　轮牧系统示例

资料来源：联合国粮食及农业组织，2021。

在该轮牧系统中，羊群在每个围场放牧3～7天，之后被转移到下一个围场。这意味着每个围场将有15～35天的休养期。

延期放牧是指特定围场在一段时间内不放牧。这样做的原因可能是以后再使用围场，例如，在需要的时候用围场中的备用干草进行饲喂。

附录13 讲义PG2——电子围栏

资料来源：Glorie，2016和sheep101.info。

电子围栏为实施放牧管理技术提供了一种灵活的解决方案。这种围栏一般能够短时输送高压电。由于电击时间很短，围栏通常耗电量不大。此外，只有当羊群碰到围栏时，才会发生电击。电子围栏既可只有几根电线，也可编织成网状（丝网）。请注意，电子围栏本质上是一种心理障碍，不会阻止羊群身体（图15）。

图15 电子围栏（网状）

设立电子围栏，必须对羊群进行训练。搭建电子围栏最简单的方法是竖起一些柱子，然后在柱子之间拉上两三根电线或绳索。绵羊能用嘴唇和嘴来正确感受，所以电子围栏应该与羊的鼻子高度相同，第1根电线距离地面25厘米，第2根电线距离地面50厘米，相邻柱子之间相隔10米左右。必须保证羔羊第一次碰到电子围栏后，不会再碰第二次，这样就能确保它今后能与电子围栏保持一定的安全距离（图16、图17）。

由于电子围栏旁的草没有被污染，绵羊会沿着围栏吃更矮的草。这就是为什么它们更可能在围栏边上吃草。因此，应始终确保围栏上有足够的电压（至少3 000伏），以防止绵羊被围栏缠住。

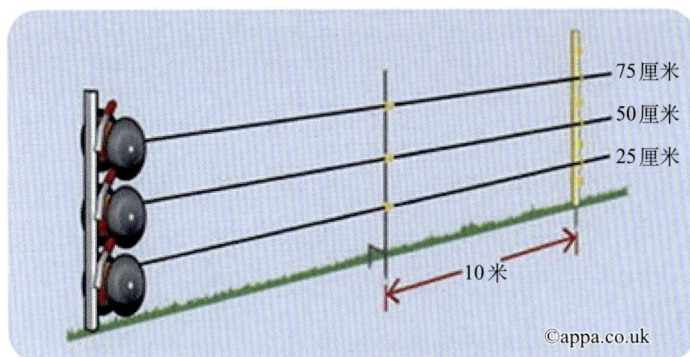

图16 电子围栏（电线高度）

图17 电子围栏（电压检查）

电子围栏通电

由于偏远地区无法随时使用电网，我们通常使用电池给电子围栏供电。可增加太阳能电池板和充电器，以延长电池的使用寿命。在许多国家，有电子围栏专用太阳能充电套件。

充电器也被称为充能器，将可用的电力转换为高压电击。通常，绵羊用电子围栏使用一个4 000伏的充电器就足够了。

电子围栏可能会因接地不良而失效。确保电子围栏正确接地，以保证电路完整。只有当电子围栏正确接地时，才能产生有效的冲击。每个充电器（见下文）至少需要3根接地极。

电压表是一种监测电池电压和电子围栏输出电压的工具。它价格低廉，是确保围栏正常发挥防护作用的绝佳工具。

塑料等绝缘体材料不导电，可用作隔离电击线和围栏支撑材料，以确保不会发生接地漏电现象。

附录14 讲义FW1——制作干草

联合国粮食及农业组织

小农制作干草

联合国粮食及农业组织

小农制作青贮饲料

附录16 讲义SB1——绵羊品种概述

资料来源：Brittanica.com和联合国粮食及农业组织。

表10列出了阿塞拜疆重要绵羊品种。世界各地绵羊品种繁多，这份讲义只介绍了最常见的品种。

表10 阿塞拜疆重要的绵羊品种

	品种	主要产品	分布	注解	特点
	卡拉巴赫羊（卡拉达格羊）	—	阿塞拜疆各地	—	生长快、遗传性状（特定性状传给后代的概率）稳定
	图申羊（图谢蒂羊）	—	阿塞拜疆，原产于格鲁吉亚	适合转场放牧系统的山地品种	半肥尾
	巴尔巴斯羊	半细羊毛	阿塞拜疆	—	强壮、高大、肥尾，头部、颈部和腿部没有羊毛
	波尔山羊	羊肉/羊毛/羊奶	阿塞拜疆	Garabagh和Tush羊的杂交品种	长耳、肥尾、产奶量高
	美利奴羊/阿塞拜疆高山美利奴羊	羊毛	西班牙、澳大利亚、北美、南非、阿塞拜疆	羊毛优良、精美、细软	有角或无角，头部着生厚毛，体格强壮，耐高温、寒冷气候

（续）

	品种	主要产品	分布	注解	特点
	希尔凡羊/加拉羊	粗羊毛	阿塞拜疆	—	耐夏
	列兹金羊	—	阿塞拜疆	—	—
	马泽克羊	粗羊毛	阿塞拜疆	—	外形类似Balbas品种，羊毛为红色和棕色
	格拉卡隆羊	—	阿塞拜疆	—	繁殖率高
	萨福克羊	羊毛/羊肉	原产于英格兰，现广泛分布于世界各地	优良肉用品种，也产羊毛，生长发育快	头和四肢为黑色，体型大，无角
	卡拉库尔羊	羊毛	古老的品种，原产于中亚，现分布于欧洲、非洲和美国	羔羊的毛被称作"波斯羔羊毛"	中等体型，肥尾，羊毛多色

附录17 讲义SB1——绵羊育种

育种目标

如果你是一名饲养员，想要培育具有特定外形特征、遗传性状和特性的羊群，那这就是你的育种目标。因此，你应该根据这个目标来选择种用绵羊。当然，无论是产肉、产奶还是产羊毛，主要育种目标就是你的主要生产目标。

种母羊的选择

在夏末或秋季，应该选择发情期母羊。如果只选择最好的母羊，就会更快地实现你的育种目标。被选中母羊的后代的生产水平将优于平均水平。如两个不同的品种杂交，这种效应更加明显（称为杂交优势效应）。一只羊必须至少6年内长成、存活和繁育，健康且没有其他问题。因此，应选择牙齿齐全、四肢强壮、蹄健全、乳房外形好、泌乳量足的母羊；不能选择产羔少的母羊，也不应该选择曾多次兽医治疗的母羊（图18）。

种公羊

如同选择母羊那样，应该根据育种目标来选择公羊。如果想繁育屠宰用羔羊，那么就选择一只体型大且后代羔羊生长速度快的公羊。一只配种经验丰富的成年公羊能够给50～60只母羊配种；而没有经验的公羊仅能给25～30只母羊配种。公羊更喜欢老龄母羊，明智的做法是将年轻母羊与公羊混群。将母羊和公羊放在一个较小的围场里饲养，这样它们就有可能进行密切接触。新购/借入的公羊应单独饲养2周（隔离）。对公羊进行隔离检疫还可防止其将新疫病传入羊群。给公羊驱虫，并在隔离检疫期结束时检查是否有更多蠕虫。

公羊应在配种期前至少50天处于良好状态（不能太肥，也不能太瘦），因为这段时间可使精子发育成熟。确保公羊吸收足够的维生素E和硒，从而提高其精子质量，这是至关重要的。使用长效抗生素（如土霉素）可能会降低公羊的生育能力。应在配种期开始时为公羊戴上标记带，这样就可以看到哪些母羊进行了配种。17天后（1个配种周期），更换不同颜色的标记带，这样就可以看到哪些母羊再次配种。开始时用标记带浅色，第2个周期换成深色（图19）。

育种计划

白昼较短、光照度较小时（如秋季）羊群会进入自然繁殖期。可选择合适的种用羊、优质饲料和矿物质来确保羊繁殖率。制定详细计划，可确定产羔期，同时采取规范的牧场和饲料管理措施，从而确保最高的产羔率。在繁殖季

完美	待定	差（隔离/扑杀）
好的乳房应该是对称的，乳房组织摸上去应柔软，乳头上没有任何疣状物	单胎羔羊吸吮单侧乳房导致两侧乳房不对称，但摸上去很柔软	乳房有肿块和硬块，表明乳房不健康，功能不全
健康的四肢应是笔直的，确保它们能够适当承重而不会跛行	四肢弓形状（步伐狭窄），增加了跛行的可能性	跗关节角度过小。跗关节上方和下方的骨头几乎在一条线上。这将妨碍后肢的弯曲，加大关节承重压力，造成行走困难，特别是妊娠母羊和尾部肥大的母羊
羊蹄的形状和角质良好	需进行维护的羊蹄	羊蹄凹凸不平。这通常是由慢性羊腐蹄病等引起的负重不均造成的

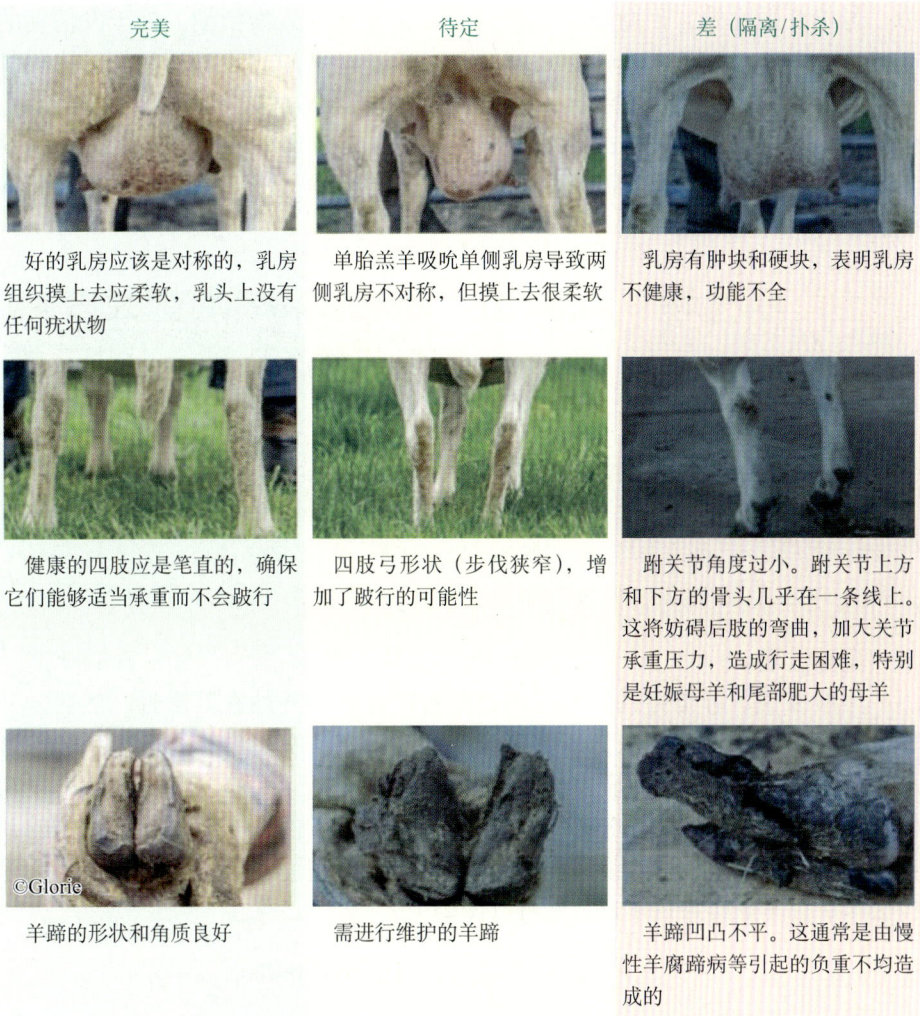

图18　母羊选择标准

图19　佩戴标记带的公羊

95

节，母羊妊娠除外，平均每17天就会有一只母羊进入发情期。处于发情期的母羊烦躁不安，频繁地抽动尾巴，比平时更容易咩叫；外阴轻微肿胀，由粉红色变为红色；有时外阴部会分泌黏液。在20～30小时内，母羊可与公羊配种。配种期首日应与希望产羔的时间相对应。妊娠期为146～148天，或差5天满5个月。如果将配种期设为34天，那么就意味着母羊经历两个发情周期，所以受胎率较高（图20）。

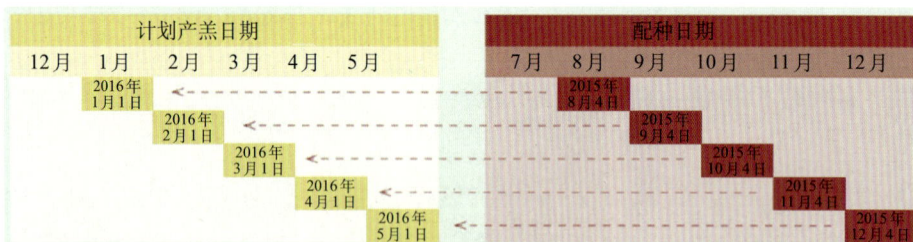

图20 繁殖日历

资料来源：Glorie，2016。

配种过程

一般来说，母羊会选择它想与之配种的公羊，并站在其附近。然后，公羊会用鼻嗅闻母羊，伸长脖子，噘嘴，伸出舌头；发情母羊的气味会刺激公羊，使其轻咬并用口鼻轻轻摩擦母羊。公羊会先闻一下母羊外阴和尿液，以确定母羊的发情情况。随后公羊将上唇向后卷起，头向后倾斜，通过其上腭的开口大声吸气，该行为称为裂唇嗅反应。如果母羊处于发情期，它将站立不动等待公羊，公羊则爬跨母羊进行配种（图21）。

图21 配种过程

附录18　讲义SB2——妊娠表

按147天的妊娠期计算。

	1	2	3	4	5	6	7	8	9	10	11	12	13	14	15	16	17	18	19	20	21	22	23	24	25	26	27	28	29	30	31
配种 1月	1	2	3	4	5	6	7	8	9	10	11	12	13	14	15	16	17	18	19	20	21	22	23	24	25	26	27	28	29	30	31
产羔 5月·6月	26	27	28	29	30	31	1	2	3	4	5	6	7	8	9	10	11	12	13	14	15	16	17	18	19	20	21	22	23	24	25
配种 2月	1	2	3	4	5	6	7	8	9	10	11	12	13	14	15	16	17	18	19	20	21	22	23	24	25	26	27	28			
产羔 6月·7月	26	27	28	29	30	1	2	3	4	5	6	7	8	9	10	11	12	13	14	15	16	17	18	19	20	21	22	23			
配种 3月	1	2	3	4	5	6	7	8	9	10	11	12	13	14	15	16	17	18	19	20	21	22	23	24	25	26	27	28	29	30	31
产羔 7月·8月	24	25	26	27	28	29	30	31	1	2	3	4	5	6	7	8	9	10	11	12	13	14	15	16	17	18	19	20	21	22	23
配种 4月	1	2	3	4	5	6	7	8	9	10	11	12	13	14	15	16	17	18	19	20	21	22	23	24	25	26	27	28	29	30	
产羔 8月·9月	24	25	26	27	28	29	30	31	1	2	3	4	5	6	7	8	9	10	11	12	13	14	15	16	17	18	19	20	21	22	
配种 5月	1	2	3	4	5	6	7	8	9	10	11	12	13	14	15	16	17	18	19	20	21	22	23	24	25	26	27	28	29	30	31
产羔 9月·10月	23	24	25	26	27	28	29	30	1	2	3	4	5	6	7	8	9	10	11	12	13	14	15	16	17	18	19	20	21	22	23
配种 6月	1	2	3	4	5	6	7	8	9	10	11	12	13	14	15	16	17	18	19	20	21	22	23	24	25	26	27	28	29	30	
产羔 10月·11月	24	25	26	27	28	29	30	31	1	2	3	4	5	6	7	8	9	10	11	12	13	14	15	16	17	18	19	20	21	22	
配种 7月	1	2	3	4	5	6	7	8	9	10	11	12	13	14	15	16	17	18	19	20	21	22	23	24	25	26	27	28	29	30	31
产羔 11月·12月	23	24	25	26	27	28	29	30	1	2	3	4	5	6	7	8	9	10	11	12	13	14	15	16	17	18	19	20	21	22	23
配种 8月	1	2	3	4	5	6	7	8	9	10	11	12	13	14	15	16	17	18	19	20	21	22	23	24	25	26	27	28	29	30	31
产羔 12月·1月	24	25	26	27	28	29	30	31	1	2	3	4	5	6	7	8	9	10	11	12	13	14	15	16	17	18	19	20	21	22	23
配种 9月	1	2	3	4	5	6	7	8	9	10	11	12	13	14	15	16	17	18	19	20	21	22	23	24	25	26	27	28	29	30	
产羔 1月·2月	24	25	26	27	28	29	30	31	1	2	3	4	5	6	7	8	9	10	11	12	13	14	15	16	17	18	19	20	21	22	
配种 10月	1	2	3	4	5	6	7	8	9	10	11	12	13	14	15	16	17	18	19	20	21	22	23	24	25	26	27	28	29	30	31
产羔 2月·3月	23	24	25	26	27	28	1	2	3	4	5	6	7	8	9	10	11	12	13	14	15	16	17	18	19	20	21	22	23	24	25
配种 11月	1	2	3	4	5	6	7	8	9	10	11	12	13	14	15	16	17	18	19	20	21	22	23	24	25	26	27	28	29	30	
产羔 3月·4月	26	27	28	29	30	31	1	2	3	4	5	6	7	8	9	10	11	12	13	14	15	16	17	18	19	20	21	22	23	24	
配种 12月	1	2	3	4	5	6	7	8	9	10	11	12	13	14	15	16	17	18	19	20	21	22	23	24	25	26	27	28	29	30	31
产羔 4月·5月	25	26	27	28	29	30	1	2	3	4	5	6	7	8	9	10	11	12	13	14	15	16	17	18	19	20	21	22	23	24	25

附录19 讲义SB3——去势（阉割）

资料来源：sheep101.info。

引言

去势（阉割）是摘除或破坏公羊睾丸的一种动物生产管理方式，去势后的公羊称为阉羊。对某些公羊进行去势的目的是避免近亲繁殖或防止意外配种。一般来说，阉割过的羔羊更容易管理，也可防止意外妊娠。羔羊在4月龄时就已经性成熟了。年轻公羊肉和阉羊肉的味道没有明显区别。

何时去势

最好是对小羔羊（如1～7日龄）进行去势。确保在12周龄之前完成去势。不建议在刚出生24小时内去势。

结扎去势

有多种给羊去势的方法。使用橡皮筋或塑胶环结扎是给公羊去势的一种简单方法。结扎去势是借助弹力去势器将塑胶环紧紧扎在睾丸上部。确保塑胶环没有放在退化乳头上。几周后，睾丸就会自行萎缩脱落。虽然这种方法通常会引起疼痛，但不会持续很长时间。为缓解公羊疼痛，使用弹力去势器前，可使用保定架（图22）。

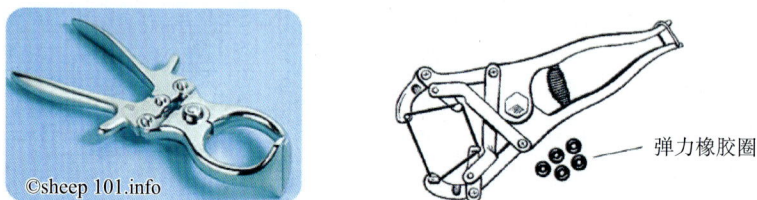

©sheep 101.info

弹力橡胶圈

图22 弹力去势器和去势钳

外科手术去势

也可采用外科手术摘除睾丸。用手术刀或锋利的刀在阴囊下方切开一小口，约为阴囊长度的1/3，取出睾丸，引流伤口，让伤口自然愈合，并确保正确消毒。

无血去势钳

用无血去势钳夹断精索，这样就会阻断流向睾丸的血液。一段时间后，睾丸就会逐渐萎缩坏死。因为无血去势钳不会破坏皮肤，无须消毒。应使用羊（而不是牛）专用去势钳，确保夹断每根精索。

附录20　讲义SB4——产羔

资料来源：Glorie，2016和sheep101.info。

预计何时会产羔

母羊配种约差5天满5个月（"五减五"）后，可产羔。怀多羔的母羊通常会提前产羔。如有应激条件，产羔期可能会推迟5天左右。

产羔设施

在产羔前，母羊应留在羊群里。如果在产羔前将母羊单独圈养在产羔圈中，可能会产生应激，数天都无法产羔。可在特定的产羔圈或户外产羔。羊圈应保持清洁、有新鲜垫料并避免漏风。单个产羔圈大小应至少为1.2米×1.2米。户外产羔需要的设施较少，但应确保产羔牧场干净、有某种形式的遮阳物，可保证母羊能得到充分休息。

所需材料

在母羊产羔时可能需要准备以下用品：

- 橡胶手套。
- 碘酒。
- 消毒剂。
- 润滑剂。
- 绳子或拉腿器。

- 加热灯/保温箱。
- 温度计。
- 饲喂瓶。
- 称重秤。
- 记录本。

开始产羔的征兆

母羊即将产羔时，有以下征兆：

- 外阴张开，变成粉红色。
- 外阴部流出黏液。
- 乳房中充满乳汁。
- 乳头可挤出少量乳汁。

- 母羊变得烦躁不安，停止进食，离群独立，不断向下向后看，伸出舌头，用前肢来回刨草垫，时起时卧，转圈等。

根据母羊怀羔数量推算，上述征兆出现后2～3小时内，母羊就会正常分娩。

正常产羔过程

母羊产羔前会排出两个囊状物：第1个囊状物通常是水囊，含有胎尿液；第2个是羊膜囊，内有胎羔和黏稠的羊水。有时这两个囊状物排出顺序相反。如果是一胎多羔，可能会有几个水囊和羊膜囊。

母羊产羔时，胎羔的前蹄会先出来，紧接着是嘴巴。如果分娩过程正常，就没有必要进行干预。一般在第1个囊状物出来后90分钟内，母羊会完成分娩。如果在90分钟后仍然没有看到胎羔的任何部位，就得摸摸母羊肚子。如果看到胎羔头，应该15分钟内就会分娩出胎羔。

胎衣或胎盘娩出是产程的最后阶段，通常发生在前1只胎羔产出后30~60分钟内。如果前一只胎羔产出24小时后仍未排出胎衣，可能就出现了问题。母羊往往会吃掉胎盘，以免引起任何捕食者注意到胎羔。因此，为了防止疫病传播和犬啃食，应尽快丢弃胎盘（图23）。

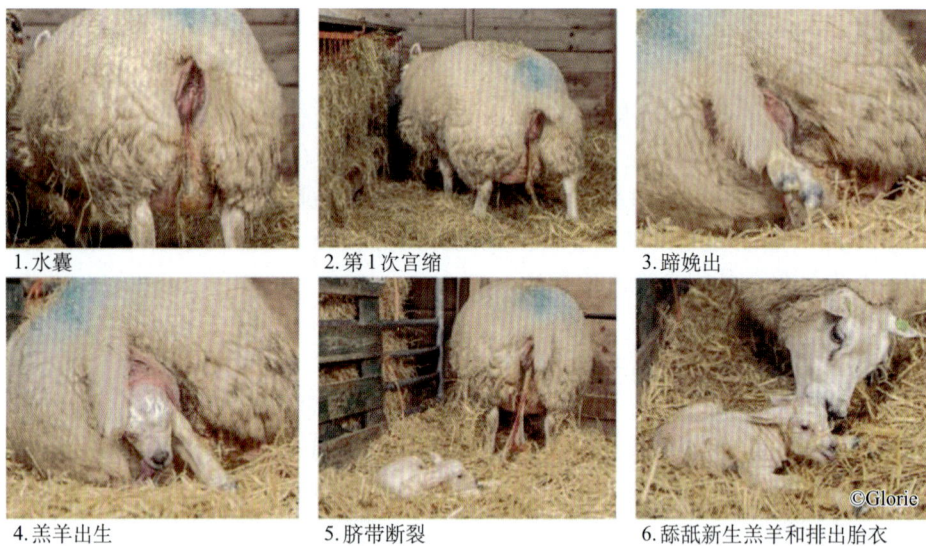

1. 水囊
2. 第1次宫缩
3. 蹄娩出
4. 羔羊出生
5. 脐带断裂
6. 舔舐新生羔羊和排出胎衣

图23　正常产羔过程

母羊难产的助产方法

大多数羔羊是自然出生的，但有时需要助产。我们很难了解在产羔过程中什么时候应进行助产或者需要外部援助。应遵循以下指导原则：从母羊开始努责并尽力产羔起，如果1小时内没有进展，就应该进行助产了。先用肥皂和水洗净双手，并清洁母羊的后背；摘掉手上的珠宝首饰，并戴上手套。孕妇不应参与协助分娩和接羔的工作，因为胎羔及其羊水和胎膜中可能携带病原，存在造成孕妇流产的风险。

通常情况下，胎羔两前肢先出来，头夹在两前腿之间。这是一种标准的分娩方式，通常不需要协助；只有在胎羔异常大的情况下才需要协助。需要助产时，在宫缩期间轻轻向下拉胎羔。下文列举了各种胎羔体位图，并逐一进行详细讲解。

另一种正常的分娩方式是后腿先出来。不要试图将其转换为前腿先出来的分娩方式，因为这样可能会对胎羔或子宫造成伤害。

屈肘位

屈肘是指胎羔的肘部卡在产道里的分娩方式。可稍稍将胎羔往后推，并尝试伸展其腿部，以使其更容易娩出（图24）。

头后位

在某些分娩情况下，头向后、前腿向前。尝试往后推胎羔，然后转动它的头。可在胎羔的每条腿上系上一根绳子，以避免错位。不要拉胎羔的下巴，因为这可能会把下巴拉断（图25）。

将腿依次拉出
©Glorie
图24 屈肘位

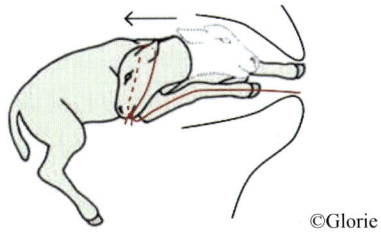
©Glorie
图25 头后位

臀位

臀位是指胎羔的位置靠后，只有尾巴靠近阴道口，后腿朝前。如分娩过程较长，就容易出现这种情况。应尝试往前拉后腿，一旦成功，就应确保快速娩出，因为脐带可能会断裂，羊水可能会淹死羔羊（图26）。

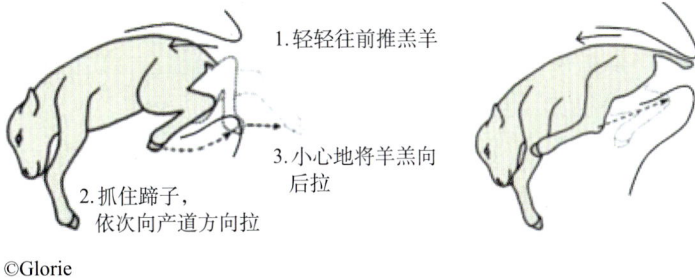
1.轻轻往前推羔羊
3.小心地将羊羔向后拉
2.抓住蹄子，依次向产道方向拉
©Glorie
图26 臀 位

新生羔羊的产后护理

通常，正常分娩后，母羊会照顾新生羔羊。偶尔，需要擦拭一下新生羔羊的鼻孔、清除黏液，以确保其能够呼吸。应确保母羊照顾其所有新生羔羊，并确保它能吃奶。通常情况下，新生羔羊会在30分钟内站起来吃奶。

附录21 讲义AH1——常见羊病概述

资料来源：Fao.org；sheep101.info；Glorie，2016。

引言

如果绵羊的基因很强，再加上规范的饲养方式，那么羊群就不会出现动物卫生问题。选择强壮的绵羊，可确保羊群健康，节约兽医护理成本。实际生产中，羊群可能容易感染多种传染病和非传染病。本节简要概述了可能影响绵羊的疫病，特别是阿塞拜疆绵羊生产系统中的相关疫病。这绝不是一份详尽的动物疫病名录；这份清单是根据农民田间学校调查期间收到的反馈意见编制的。关于更详细的治疗方案等其他信息，可向执业兽医或其他动物卫生专业人员咨询。一些影响绵羊的疫病也会传染给人类，我们将其称为人兽共患病。

体内寄生虫

体内寄生虫是绵羊生产中普遍存在的疾病。为此，我们专门设立了一节课来介绍体内寄生虫（见附录22：讲义AH2——体内寄生虫）。影响绵羊的体内寄生虫有蠕虫、原虫和吸虫。这些寄生虫可导致绵羊贫血、腹泻、肺部和肝的问题以及猝死等。体内寄生虫引发球虫病等疫病。

体外寄生虫

蝇蛆病（又称蛆病、羊蝇蛆、丽蝇、肉蝇蛆）

蛆虫的侵袭可引起活羊皮肤腐烂。与其他牲畜相比，绵羊因全身覆盖羊毛，更容易发生蝇蛆病；尤其是脏羊毛更容易吸引丽蝇。该病可通过剪羊毛或去除脏羊毛等方法预防，也可使用杀虫剂。

羊虱

羊虱是一种微小的昆虫，通常藏在羊毛下面，难以发现。感染羊虱的主要症状之一是瘙痒，严重时可导致贫血。我们可用杀虫剂来控制羊虱。

疥疮（又称羊疥癣、羊痒螨癣、痒螨病）

疥疮是由螨虫引起的，具有很强的传染性。感染疥疮的症状包括瘙痒、脱毛、皮肤发红，也可能出现结痂。显微镜检查是确诊疥疮的唯一方法。我们可用杀虫剂浸泡来控制疥疮。

布鲁菌病

布鲁菌病由布鲁杆菌引起，可造成妊娠后期流产，但这是其他牲畜的常见病，对羊来说不太常见。布鲁菌病可引起公羊生殖器官病变。

口蹄疫（FMD）

口蹄疫是一种病毒性传染病。感染口蹄疫的症状包括发热，以及口腔、舌头、乳头和蹄部病变。通常可影响绵羊生产及其身体状况，许多感染口蹄疫的绵羊可自愈。羔羊感染口蹄疫后，死亡率较高。我们可实施疫苗接种，以预防口蹄疫。

酸中毒

酸中毒是一种常见的代谢性疾病。该病是由于动物违反其原有的进食习惯，过量摄入易消化的糖类，同时又摄入过少的粗纤维而引起的。饲料在肠道中迅速发酵，从而产生大量乳酸。症状可能包括精神沉郁、腹痛等。绵羊患病几小时内，病情就会恶化，昏昏欲睡，开始磨牙，死亡率很高。存活下来的绵羊一段时间内没有食欲、腹痛，可引起蹄叶炎，从而表现出步态僵硬、行走缓慢等症状，呼吸和心率会加快，随后会排出污秽、恶臭的粪便。患病动物即使口渴，也会拒绝饮水。可给患病动物灌服碳酸氢钠或含有碳酸镁的药品。为了防止酸中毒，我们应确保采用合理的饲喂方式，并确保适时少量饲喂高能量饲料（如精料补充料），因为绵羊瘤胃需要时间来适应新的饲料。

沙门菌

感染沙门菌会导致绵羊流产。如果细菌含量很高，而且母羊处于应激状态，通常会造成妊娠后期流产。症状还可能包括腹泻。

炭疽

炭疽是由炭疽杆菌引起的致命性人兽共患病。感染症状包括发热、肌肉震颤、呼吸困难和烦躁不安等，往往在发现感染前就会突然死亡。可接种炭疽疫苗，以预防炭疽。一旦怀疑发生炭疽，应立即向动物卫生部门报告。

胀气

胀气是比较常见的一种代谢性疾病。当瘤胃的产气量超过排气速率时，就会发生胀气。可通过绵羊嘴里吐出的泡沫来识别该病。该病是由于动物摄入了大量苜蓿或粗纤维含量少而蛋白质丰富的嫩草等造成的。泡沫性胀气会阻碍瘤胃中产生的气体排出，造成气体不断积聚，瘤胃就开始臌胀。胀气会导致猝死，所以一定要及时干预。

腹泻

细菌、病毒、寄生虫、动物的饮食和应激等都可引起腹泻。我们只能通过对粪便进行微生物分析来确定腹泻原因。腹泻不是一种疫病，而是一种症状，可能与动物品种、营养、病原体和环境等因素有关。

腐蹄病

腐蹄病是由节瘤拟杆菌和坏死梭杆菌相互作用引起的一种急性传染病，最常见的症状是跛行。可通过蹄部非常独特的气味来识别腐蹄病。可通过修蹄、蹄部消毒、浸泡或扑杀感染绵羊来控制该病，也可实施疫苗接种。常用硫酸锌进行治疗（图27）。

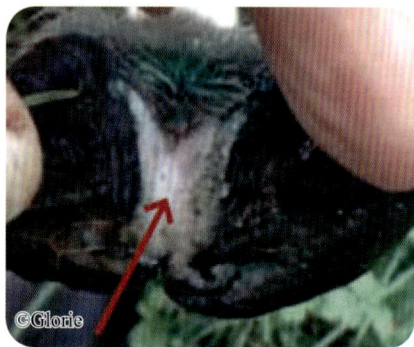

图27 腐蹄病早期症状——发炎

中毒

牧场上有许多有毒植物，采食有毒植物会引起绵羊中毒。在确定绵羊感染的是哪种疫病时，也应该考虑中毒情况。绵羊可能会发生猝死，但症状很多，因此很难确认是否由中毒引起。

肺炎

肺炎是一种严重的呼吸系统疾病，可由一系列细菌引起。最常见的细菌包括溶血性巴氏杆菌或多杀性巴氏杆菌，或两者兼而有之。症状包括发热、咳嗽、呼吸困难、抑郁等，有时绵羊会厌食。可用抗生素控制肺炎。

羊口疮

羊口疮是一种常见的羊皮肤病。该病是由病毒引起的，具有高度传染性。症状包括口腔、外阴、眼睛、鼻孔和乳腺周围的皮肤肿胀、发红、结痂等。通常情况下病程为1~5周。羊口疮也可感染蹄部。

小反刍兽疫（PPR）

小反刍兽疫是由病毒引起的一种高度传染性疫病，也称为羊瘟。该病一旦传入，可感染90%的羊，死亡率高达70%。羊感染后，2～6天才会出现症状，包括高热、精神委顿、嗜睡、口腔溃疡、流涕、肺炎等。如果怀疑发生小反刍兽疫，应立即通知兽医部门。

附录22　讲义AH2——体内寄生虫

资料来源：NACT，2014；sheep101.info；Yami和Merkel，2008。

简介
体内寄生虫常是绵羊生产中最大的挑战。羔羊、哺乳期母羊或处于应激状态的动物极易感染体内寄生虫。动物感染后会出现消瘦、产奶量下降甚至死亡等。对普通驱虫药产生抗药性的寄生虫，防治难度更大。当天气温暖潮湿时，寄生虫数量会增加。

症状
感染体内寄生虫的一些症状包括消瘦、虚弱、贫血、羊毛粗糙、腹泻和产奶量下降。体内寄生虫感染还可导致母羊流产。

粪卵计数
我们使用粪卵计数方法可确定是哪种寄生虫感染。用显微镜检查粪便样本，可确定感染的寄生虫种类。

寄生虫及其疫病类型
体内寄生虫包括蠕虫、原虫或肝吸虫等。

隐孢子虫类是影响幼龄羔羊的原虫。感染后的症状包括精神萎靡、拒绝吮吸和腹泻。

- 球虫病是羔羊易感的一种原虫病，多发生于应激期间，如断奶期间。感染症状包括腹泻，通常是带黏液的血便。可通过鉴定粪便样本中的卵囊进行诊断。球虫病发生的原因包括：卫生条件差、在特定区域饲养过多的绵羊，以及羊群摄入被原虫污染的饲料和水等。我们应及时隔离疑似感染球虫病的绵羊，并尽快对其进行治疗。清洁所有的羊舍并保持干燥，确保使用干净的垫草。

- 胃蠕虫是最常见的体内寄生虫。捻转血矛线虫是一种小型棕色吸血寄生虫，会导致血液和蛋白质流失。感染胃蠕虫的急性症状之一是贫血，另一症状是下颌水肿。

- 肝吸虫在潮湿地区可能是一个特别严重的问题，主要有肝片吸虫和大片形吸虫。绵羊通常因接触蛞蝓或蜗牛而感染肝吸虫。该病会损害肝，导致贫血、消瘦、腹泻和死亡。Ivomec® Plus和阿苯达唑是防治肝吸虫的有效药物。

预防和治疗

对养羊户来说，体内寄生虫的控制是一项复杂的任务，尤其是体内寄生虫产生驱虫药抗药性的情况下。这种情况下，我们可采取改善放牧管理、灌药、贫血症检测方法和选择对体内寄生虫有免疫力的绵羊等干预措施来控制体内寄生虫。

放牧管理有助于减少感染体内寄生虫的风险。可使用休牧和轮牧方法（见放牧策略课程）。也可在围场上放牧其他牲畜，以打破寄生虫的发育生长循环周期。应了解寄生虫卵的孵化时间，以避免在这段时间放牧。可在夏季休牧6周左右，以减少污染。如果天气炎热干燥，休牧2周可能就足够了。也可用牧草制作干草，因为这也会减少污染。

灌药

使用驱虫剂是杀灭体内寄生虫的标准方法。然而，也会增加寄生虫的抗药性，可使用智能灌药方法来避免这种情况，同时结合贫血症检测方法（见3.7.3），具体步骤包括：

1.确定所在地区可使用哪些驱虫剂（咨询动物卫生机构）。

2.使用单剂量注射器或自动灌药枪等适当设备。

3.只对需要治疗的动物进行灌药。可使用贫血症检测方法。

4.如果绵羊在驱虫前禁食24小时左右，驱虫剂的效果会更好。确保在禁食期间不限制水的摄入量。

5.驱虫前对每只绵羊进行称重。

6.将驱虫剂涂抹在咽喉后部，两侧白齿间的舌头上方。使用自动灌药枪时，将其放在动物的舌头上，确保驱虫剂进入瘤胃。

7.保持绵羊的头部水平，下巴与地面平行，否则驱虫剂可能会进入绵羊的肺部。

8.推动活塞，让绵羊有时间进行吞咽。在放开绵羊之前，应确保绵羊已经吞下驱虫剂。动作应轻柔，以避免绵羊受伤。

9.如果怀疑寄生虫对驱虫剂有抗药性，应尝试同时使用两种驱虫剂。

按剂量给药

正确按剂量使用驱虫剂至关重要。因为剂量不足时，体内寄生虫可能存活下来，并对药物产生抗药性。根据准确的绵羊体重来校准剂量。按照每只绵羊或羊群中最重的羊校准设备。可根据绵羊体重将其分为几组。检查自动灌药枪确保灌入剂量准确。灌完后，应正确清洁所有设备。

附录23 讲义AH3——贫血症检测方法

资料来源：sheep101.info；Yami和Merkel，2008。

简介

贫血症检测方法可检测贫血水平，尤其是捻转血矛线虫引起的贫血。贫血症检测方法是以其创始人Francois "Faffa" Malan（FAffa MAlan CHArt）博士的名字命名的。借助贫血症检测卡，养羊户能够根据观察到的贫血程度选择特定的羊群进行抗蠕虫治疗。可使用颜色指示卡确定贫血程度。使用贫血症检测方法时，请务必遵循该方法的使用说明（见参考文献），并使用正版贫血症检测卡（图28）。

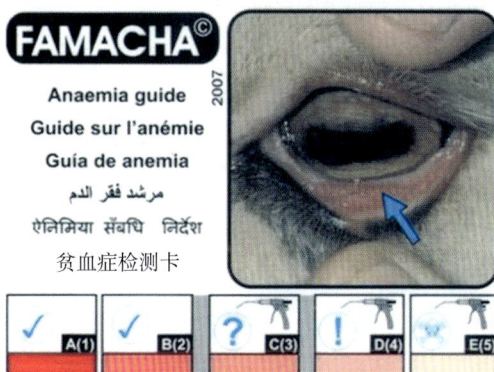

图28 贫血症检测卡

资料来源：联合国粮食及农业组织，2021。

贫血症检测方法的原则是只治疗急需治疗的绵羊，以延缓抗药性的产生。应尽快使用贫血症检测方法进行评分。如果对其中一只绵羊眼睛的评分较高，则应选取最高分。评分为1分或2分的绵羊不需要驱虫，除非有其他症状。评分为4分或5分的绵羊应进行驱虫。我们的工作难度在于如何处理那些评分为3分的绵羊。

对于评分为3分的绵羊，应该打上一个问号。如果羊群中10%以上的羊评分为4分或5分，那么应该考虑对评分为3分的绵羊进行驱虫，特别是那些体况差、下颌水肿、幼龄、妊娠期或哺乳期的绵羊。

贫血症检测方法评分的频率取决于羊群环境条件。建议每隔2～4周进行1次。气候比较温暖和潮湿时，可增加检查频率；气温较低时，如春季和秋季，可减少检查频率，如每3～4周1次。

> 因为贫血症检测方法评分的判断依据是颜色的变化，所以不应该试图用彩色打印机制作贫血症检测卡，或者用智能手机来打分。

由于贫血症检测卡会褪色，所以应每2～3年更换1次。不使用时，应将贫血症检测卡存放在阴暗处（图29）。

另见：https://www.youtube.com/watch?v=RL3SBR1qIX0。

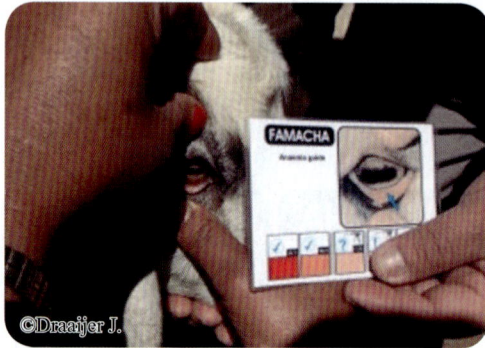

图29　贫血症检测卡的使用

附录24 讲义MB1——销售

简介

养羊户可将不同产品作为养羊场的主要生产目标，例如：

- 羊肉，如销售屠宰用羔羊。
- 羊毛。
- 羊奶。
- 出售种羊。
- 其他产品，如毛皮。

1.屠宰用羔羊的销售

大多数养羊户的主要收入来源是出售羔羊肉或羊肉。因此，羊肉和羔羊肉的价格在很大程度上影响着养羊场的盈利能力。羊肉分为两种，羊肉是1岁以上的羊的肉，而羔羊肉是1岁以下的羊的肉。可通过牙齿来确定绵羊的年龄，见附录2：讲义SP2——绵羊的一般生产性能指标。

出栏年龄、体重和性别

羊屠宰前体重为14～85千克。羊通常在2～15月龄出栏。一些消费者可能会注意到老公羊的肉有异味，而更喜欢小公羊的肉。

销售渠道

可通过拍卖、中间商、育肥场、合作社和屠宰场等渠道进行销售。一方面，需要考虑买家付款是否定期、即时，以及有保障；另一方面，需要考虑销售价格。

卖给中间商可能更容易，也节省拍卖费用，但可能价格会较低。应首先知道合理价格是多少，并确保知道出售的羊的体重。

如果是一个生产商组织，也可决定组成一个销售联盟，整体出售羔羊。通过这种方式，可增加销售数量，降低每只羊的相关销售和运输成本，从而获得更高的价格。

直接销售是指消费者直接购买活羊或肉的销售方式。通过这种方式，虽然数量一般较少，但不需要任何销售相关成本，可能会获得更高的价格。

2.羊毛销售

大多数绵羊品种的羊毛每年都要剪1次，有时甚至1年2次。羊毛很有价值，应以正确的方法护理，以确保获得最高的销售价格。羊毛既可以是主要生产目标，也可以是以生产肉类或羊奶为主的养羊场的副产品。

羊毛的价值

羊毛的价值取决于羊毛纤维直径、总产量、洁净度、颜色、纯度和卷曲度等因素。羊毛纤维直径也被称为羊毛细度，羊毛细度以微米为单位。羊毛细度是确定羊毛纱线品质的重要指标之一。

卷曲是羊毛的另一个特点，是指羊毛纤维的自然弯曲。细羊毛会有较大的卷曲度。

组团销售

大多数绵羊生产商的羊毛销售量不足，但他们可以组织成一个销售团体。

剪羊毛

应该在早春时节给绵羊剪毛。应确保剪羊毛的环境清洁干燥，例如，在干净的水泥地上。

3.羊奶销售

1只优质母羊每天产奶量约1千克，但也可达到2～3千克。最高产奶量可维持3个月，之后缓慢下降。

销售渠道

我们可通过直接销售、中间商、羊奶加工厂、合作社和乳品加工厂等渠道进行销售。我们一方面需要考虑买家的付款是否定期、即时以及有保障；另一方面需要考虑销售价格。

卖给中间商的价格往往比较低。对生产商组织来说，也可组成一个销售联盟，整体出售羊奶和其他乳制品。通过这种方式，将获得更高的价格。

4.生产和销售种羊

出售种羊可大大增加羊场的收入。纯种的或杂交的、登记的或未登记的、公羊或母羊都可作为种羊。种羊的售价通常比肉用羔羊价格高。可根据想要的遗传性状来选择种羊。良好的母羊性状包括早熟性能好、繁殖力强、生产性能好、产羔率高、产奶量高、羔羊个体大、易护理、抗病能力强和羊毛产量高等。良好的公羊的性状包括性欲强、羔羊强壮和个体大、饲料转化率高和抗病能力强等。种羊生产商应该尝试实施更高的动物卫生标准来管理自己的羊群。

出售种羊时，应出示出生信息、羔羊体重、增重和父系母系等详细信息记录。

种羊不会销售自己，我们通常需要以某种形式的广告来进行宣传销售。我们可在养羊场入口处或养羊场卡车或拖车上粘贴宣传标志，这是一种良好的初始宣传方式。还应考虑在报纸和杂志上刊登广告。网站是促进种羊销售的绝佳方式。目前，我们日益倾向于利用Facebook等社交媒体作为一种销售方式。

附录25 讲义MB2——养羊是一门生意

简介

如果养羊户想从商业角度来经营养羊场，通常主要考虑总成本和回报率。然而，计算所有财力投入也是非常重要的，因为这些投入决定了养羊场销售每单位产品的生产成本（COP）。为了做出好的养羊场管理决策，至少应该保存养羊场资产、收入/收益、支出和销售额等基本财务记录。根据这些记录，可使用关键绩效指标（KPI）来计算养羊场的盈利情况。

养羊场成本

以下两种成本相加可计算出实际养羊成本：

1. 可变成本。可变成本与养羊场的每项产出直接相关。这些成本包括饲料成本、兽医投入等。

2. 固定（或间接）成本。这些成本与养羊场的每项产出间接相关，因为无论养羊场有多少产出都必须支出这些成本。固定成本包括租金、税收、偿还贷款和生活费用。本手册将人工成本也列为固定成本。

通常，养绵羊是小农户的收入来源之一，所以应确保只计算与养羊有关的成本。总生产成本是所有养羊成本的总和。表11列举了养羊场所有成本。

表11 可变成本和固定成本

成本类别	成本	说明
可变成本	羊群成本	1. 繁殖管理用药 2. 幼畜，饲料投入和管理成本 3. 兽医费用，包括药品、疫苗和药液 4. 销售和运输成本
	饲料成本	1. 饲料添加剂 2. 饲料：饲草、青贮饲料，以及饲料副产品 3. 饲料生产、储存成本 4. 设备成本
固定成本	现金固定成本	1. 人工成本 2. 管理和保险成本 3. 利息和银行手续费 4. 其他费用，如电话费、咨询费、办公费、邮费等
	估算固定成本	1. 家庭劳力 2. 资产折旧

资料来源：联合国粮食及农业组织，2021。

111

关键绩效指标

通过成本分析可计算出养羊场运营的成本效益。为了解养羊场总收入中各项成本的占比，可计算以下比率：

$$饲料成本率 = \frac{总饲料成本}{养羊场总收入} \times 100\%$$

$$可变成本率 = \frac{总可变成本}{养羊场总收入} \times 100\%$$

$$间接成本率 = \frac{总间接成本}{养羊场总收入} \times 100\%$$

$$财务成本率 = \frac{总财务成本}{养羊场总收入} \times 100\%$$

$$生产成本率 = \frac{总生产成本}{养羊场总收入} \times 100\%$$

养羊场收入

养羊场收入包括产品销售额、非现金收入，以及养羊场消耗品的消耗量，也包括设备销售额以及金融机构提供的资金。

例如，可通过出售羔羊、羊奶或羊毛，以及草料和粪便等获得现金收入。表12列举了养羊场存栏量。

表12　存栏量

	数量（头）	价格（元）	存栏量合计（头）		数量（头）	价格（元）	存栏量合计（头）
期初存栏				销售			
母羊				母羊			
羔羊				羔羊			
1岁以下小羊				1岁以下小羊			
公羊				公羊			
去势羊				去势羊			
出生				死亡			
购入				期末存栏			
母羊				母羊			
羔羊				羔羊			
1岁以下小羊				1岁以下小羊			
公羊				公羊			
去势羊				去势羊			
总计				总计			

资料来源：联合国粮食及农业组织，2021。

效益

"资本"是指养羊场建筑物、土地、设备等所有资源。大部分资本项目都有可能转化为现金。这些资产的总货币价值称为养羊场资产。养羊场资产减去所有现有债务可得出其自有资本。

衡量养羊场效益的一个方便指标是利润率。利润率是指养羊场净收入占养羊场总收入的百分比，其计算方法如下：

$$利润率 = \frac{养羊场净收入}{养羊场总收入} \times 100\%$$

与养羊场商业管理相关的其他关键术语包括：

- 盈亏平衡产量：是指养羊户完全收回其成本所需生产的最低产品产量。其计算方法是总可变成本除以产量价格。
- 盈亏平衡价格：是指养羊户在短期内收回成本所能接受的最低羊价，其计算方法是总可变成本除以养羊场总产量。

附录26　农民田间学校教学周期示例

月数	阶段	活动	方法学
1	准备	● 评估条件 ● 选择/培训辅导员 ● 确定社区需求	由农民田间学校专家进行参与式评估 辅导员培训（22天） 辅导员和项目人员
2	准备	● 宣传会议（2小时） ● 确定参与者和学习地点 ● 两次预备会议	
3	实施	农民田间学校培训课程（2）	介绍会 养羊业概况，SP1-1至SP1-4
4	实施	农民田间学校培训课程（2）	养羊业概况，SP2 养羊业概况，SP3，SP4
5	实施	农民田间学校培训课程（2）	动物标识和记录保存，ID1，ID2 饲料和饮水，FW1-1，FW1-2
6	实施	农民田间学校培训课程（2）	饲料和饮水，FW1-3，FW2 实验开始，FW-E1
7	实施	农民田间学校培训课程（4） 一次访问	饲料和饮水FW3，牧场和放牧，PG1-1至PG1-3 牧场和放牧，PG1-4至PG1-7 实验开始，FW-E2
8	实施	农民田间学校培训课程（3） 一次访问	牧场和放牧，PG2，PG3 羊育种，SB1-1，SB1-2和SB2（第1节） 访问青贮饲料或干草生产场
9	实施	农民田间学校培训课程（2） 农民田间学校交流访问	羊育种，SB2（第2节），SB3 羊育种，SB4，动物卫生AH1-1 农民田间学校交流访问
10	实施	农民田间学校培训课程（2） 动物卫生实验	实验开始PG-E1 动物卫生AH1-2至AH1-4 实验开始AH-E1
11	实施	农民田间学校培训课程（2）	动物卫生AH2，AH3 待定

（续）

月数	阶段	活动	方法学
12	实施	农民田间学校培训课程（3）	销售和商业技巧，MB1，MB2 待定
13	实施	农民田间学校培训课程（3） 一次交流访问	待定 待定
14	实施	农民田间学校培训课程（3） 毕业典礼/实地考察	待定 农民田间学校评估
14	实施	农民田间学校培训课程（3） 毕业典礼/实地考察	规划未来 毕业典礼/实地演习
15	后续工作	建立网络，第2期农民田间学校教学	

资料来源：联合国粮食及农业组织，2021。

附录27 学习小组评估表示例

主题	评分	1	2	3	4
小组总体特点					
小组名称	无	不明确	明确但不合适	定义明确且恰当	
小组目标	不很了解	部分学员理解	大多数学员理解	所有学员都理解	
小组长期愿景	没有	有但不明确	清楚但不是所有人都认同	清楚且所有人都认同	
小组实际工作领域	未指明	指明但不明确	明确但不详细	定义详细	
成为小组学员的条件	未指明	不明确、不详细	详细，不是每人都清楚	详细且每人都清楚	
小组的官方注册	未正式注册	仅仅非正式注册	正式但适当	正式且适当	
掌握章程或细则	无	商定了一些程序	有一些书面细则	详细且充分	
学员接受培训	无	每6～12个月	每3～6个月	每1～3个月	
活动规划	无	不现实、不详细	现实但不详细	现实且详细	
与外部组织的互动	无	很少	有一些	有很多互动	
学员的参与					
学员会议频次	无	平均每2个月1次	每月至少1次	每周及需要时	
参会学员数量	少数：低于50%	多数：50%～70%	大多数学员：70%～90%	几乎所有学员：90%以上	
小组决策	不太正规	仅由领导决定	由学员多数投票决定	由全体学员一致同意	
小组活动完成	少数学员	某些学员	多数学员	所有学员	